U0570036

基于利益关联主体视角的
碳标签实践机遇与挑战

Carbon Labeling Practice: From the Perspective of
Stakeholder's Interaction

赵　锐　耿　涌　著

李友平　任　东　史　凯　译

科学出版社

北　京

内 容 简 介

本书译自西南交通大学赵锐所著 *Carbon Labeling Practice*: *From the Perspective of Stakeholder's Interaction* 一书。本书以消费者行为与二氧化碳排放关系阐释为纲领，以碳足迹为理论支撑，详细地概括了碳标签实践及其瓶颈问题，实例分析面向碳标签认证的消费者行为，可促进低碳产品推广并帮助消费者追求低碳消费生活方式；分析碳标签实践中可能利益相关者之间的战略互动，耦联推动碳标签策略实施；探讨碳标签实践相关的机遇与挑战，从而提升人们对低碳消费、生产与管理的认识。

本书可供环境科学、环境系统工程、碳足迹与交易、环境政策与低碳可持续发展和碳标签研究等方面的技术人员及高校师生参考使用。

图书在版编目 (CIP) 数据

基于利益关联主体视角的碳标签实践机遇与挑战 / 赵锐，耿涌著；李友平，任东，史凯译. -- 北京 : 科学出版社，2025. 3. -- ISBN 978-7-03-081404-3

Ⅰ.X511

中国国家版本馆 CIP 数据核字第 2025K95Y51 号

责任编辑：武雯雯 / 责任校对：彭 映
责任印制：罗 科 / 封面设计：墨创文化

科学出版社 出版
北京东黄城根北街 16 号
邮政编码：100717
http://www.sciencep.com

成都锦瑞印刷有限责任公司 印刷
科学出版社发行 各地新华书店经销

*

2025 年 3 月第 一 版　　 开本：787×1092　1/16
2025 年 3 月第一次印刷　　 印张：10
字数：238 000

定价：129.00 元
（如有印装质量问题，我社负责调换）

译 者 序

近几十年来，全球气候变化已成为世界关注的热点，低碳经济在国际经济发展模式中的重要地位日益凸显。然而，在给世界经济发展带来机遇与新动力的同时，低碳经济也产生了新的绿色贸易壁垒。在全球气候变化与低碳经济研究方面，碳标签逐渐被认为是一种有力工具，它可以通过考虑其生命周期来反映产品的二氧化碳排放量，帮助消费者更好地了解各种产品的二氧化碳排放量，从而进一步推广低碳产品，推动消费者追求低碳消费的生活方式。与一些发达国家，如美国、英国、澳大利亚等相比，中国碳标签制度发展较为缓慢，自 2018 年开始研究探索以来，国家层面尚未形成一套成熟的碳标签体系，企业层面未认识到碳标签评价的重要性，消费者也未形成购买碳标签产品的意识。

我国为制造业大国，对碳标签制度与运作机制的研究，不仅能为我国实现制造业绿色发展与低碳转型提供重要依据，而且能为我国在出口贸易产品中提供国际公平性依据。从碳标签实践的重要利益相关者，包括消费者、政府和企业等的角度出发，本书《基于利益关联主体视角的碳标签实践机遇与挑战》详细阐述了碳标签实践中可能的利益相关者之间的战略互动，分析了碳标签实践促进低碳经济发展相关的机遇和挑战，并以科学性和可行性为准则，提出了破解低碳消费的利益矛盾关系及其潜在风险的碳标签体系构建政策建议。本书对消费者、企业和政策制定者来讲，都是一本不可多得的重要读物。同时，本书的出版对促进低碳经济发展、实践与实现"双碳"目标具有重要的现实意义。

本书译自西南交通大学赵锐所著 *Carbon Labeling Practice: From the Perspective of Stakeholder's Interaction* 一书。征得原著第一作者赵锐教授同意，译者对部分内容有更新和修改。

原 著 前 言

近几十年来，全球气候变化已成为社会政治问题背景下的世界关注热点。在全球气候变化研究方面，碳标签被认为是一种有用的工具，它可以通过考虑其生命周期来反映产品的二氧化碳排放量，帮助消费者更好地了解各种产品的二氧化碳排放量，从而进一步推广低碳产品，推动消费者追求低碳消费的生活方式。消费者、政府和企业是碳标签实践的重要利益相关者。然而，他（它）们在促进低碳消费方面的利益尚未达成一致。本书重点关注碳标签实践中可能的利益相关者之间的战略互动，探讨与碳标签实践相关的机遇和挑战，从而提升对低碳消费和低碳生产的认识。本书对相关专业的学生、研究人员、政策制定者以及对环境科学和可持续发展有广泛兴趣的人来说是一本必不可少的读物。

中国成都 赵锐

中国上海 耿涌

致谢：本书出版得到国家自然科学基金（41301639，72088101，71810107001，71690241）、四川省杰出青年基金（2019JDJQ0020）、成都科技计划项目（2020-RK00-00246-ZF）和四川省循环经济研究中心基金（XHJJ-2002，XHJJ-2005）资助。

目　　录

第1章　碳标签及相关问题 ·· 1

1.1　引言 ·· 1

1.2　碳标签相关研究 ·· 2

1.3　与碳标签实践相关的问题 ·· 11

参考文献 ·· 12

第2章　面向碳标签认证的消费者行为 ·· 17

2.1　引言 ··· 17

2.2　乳制品的碳排放评估 ·· 19

2.2.1　系统边界定义 ·· 19

2.2.2　数据来源 ·· 20

2.2.3　碳足迹评估结果 ·· 23

2.2.4　小结 ·· 25

2.3　问卷调查 ·· 26

2.3.1　调查问卷的设计和收集 ·· 26

2.3.2　描述性统计分析结果 ·· 28

2.3.3　回归分析结果 ·· 30

2.3.4　小结 ·· 32

2.4　购买决策实验 ·· 33

2.4.1　实验设计 ·· 34

2.4.2　实验结果 ·· 37

2.4.3　小结 ·· 40

2.5　系统动力学模型 ·· 40

2.5.1　模型公式 ·· 42

2.5.2　模拟结果 ·· 45

2.5.3　小结 ·· 51

参考文献 ·· 51

第3章　碳标签实践中利益主体之间的互动 ·· 58

3.1　引言 ··· 58

3.2　博弈论概述 ··· 59

3.2.1　消除主导策略的解决方法 ·· 61

　　　3.2.2　博弈分析的图解法 ·································· 63
　　　3.2.3　小结 ··· 65
　3.3　消费者与企业间的博弈 ··································· 65
　　　3.3.1　博弈论模型 ······································ 66
　　　3.3.2　演化稳定性理论 ·································· 69
　　　3.3.3　演化稳定性分析 ·································· 71
　　　3.3.4　政府补贴激励措施的影响 ························ 72
　　　3.3.5　小结 ··· 74
　3.4　企业间的博弈 ··· 75
　　　3.4.1　基于博弈论的系统动力学模型 ···················· 75
　　　3.4.2　数值案例 ·· 78
　　　3.4.3　模拟结果 ·· 80
　　　3.4.4　敏感性分析 ······································ 84
　　　3.4.5　小结 ··· 85
　3.5　企业和政府间的博弈 ····································· 85
　　　3.5.1　系统动力学模型 ·································· 85
　　　3.5.2　代表案例 ·· 88
　　　3.5.3　模拟结果 ·· 90
　　　3.5.4　敏感性分析与讨论 ································ 94
　　　3.5.5　小结 ··· 97
　参考文献 ·· 98
第4章　碳标签的改进及应用 ································· 104
　4.1　引言 ·· 104
　4.2　一种改进的碳标签制度 ··································· 104
　　　4.2.1　方法 ··· 105
　　　4.2.2　案例 ··· 107
　　　4.2.3　总结 ··· 113
　4.3　用于基准减排的碳标签 ··································· 113
　　　4.3.1　方法 ··· 114
　　　4.3.2　结果 ··· 120
　　　4.3.3　总结 ··· 126
　4.4　低碳社区的碳标签 ······································· 126
　　　4.4.1　方法 ··· 127
　　　4.4.2　案例 ··· 129
　　　4.4.3　结果 ··· 130

    4.4.4　总结 ··· 132

  参考文献 ·· 133

第 5 章　见解与未来研究 ·· 138

  5.1　见解 ··· 138

  5.2　未来研究 ··· 140

  参考文献 ·· 141

附录 ·· 145

  调查问卷 ·· 145

第1章　碳标签及相关问题

摘要： 近几十年来，全球气候变化已成为社会政治问题背景下的世界关注焦点。低碳经济旨在通过技术创新、替代能源开发、产业升级等手段减少温室气体排放。碳标签被认为是提高消费者对气候变化的认识、帮助改变生活方式和购买行为的有效措施，最终推动低碳经济。本章作为介绍性评论，通过使用文献计量分析提供碳标签的简要概述，以解决碳标签的发展以及与碳标签实践相关的问题。

关键词： 碳足迹　碳标签　碳标签方案　文献计量分析

1.1　引　　言

目前，世界经济政治背景复杂，全球气候变化问题也越来越受到重视，人们越来越关注商品和服务在其生命周期中直接或间接排放的温室气体（Wiedmann and Minx，2008；Iribarren et al.，2010）。在英国等一些国家一直鼓励并要求企业管理部门测量和报告碳排放，以激励和监测减排（DEFRA，2009）。对于制成品的环境干预，例如减排，需要通过产品设计和创新来实施（Deutz et al.，2010；Song and Lee，2010）。

碳足迹被认为是确保实现减排目标的有效措施，以促进低碳经济的发展（Carbon Trust，2008a；Gomi et al.，2010）。碳足迹成为评价环境影响的重要指标，被解释为二氧化碳的总量，或相当于温室气体排放量，直接或间接由特定活动排放，例如产品、服务等（Carbon Trust，2008a；Wiedmann and Minx，2008；Röös et al.，2013；Fang et al.，2014）。碳标签是一种标签汇总，为消费者提供碳足迹信息，以提升消费者对可持续消费的认识（Brenton et al.，2009；Tan et al.，2014）。

碳标签实际上是生态标签中的一员，它用于气候变化这种单一类别的环境影响，而生态标签是通过测量环境影响得到的信息来反映认证产品的环境优势。环境影响包括气候变化、臭氧消耗、废物处理、酸沉降等（Wu et al.，2014a，2015）。碳标签由英国政府和碳信托于2006年提出，标签有效期为2年（Guenther et al.，2012）。此后，美国、加拿大、日本等许多发达国家根据自身国情启动了碳标签制度（Liu et al.，2016）。碳标签提供的信息可以以具体产品的数值或减排承诺的形式呈现（Wu et al.，2015）。碳标签被视为一种有效的沟通方式，可以提升消费者对气候变化的认识，并帮助他们改变生活方式（Carbon Trust，2008b；Tan，2009）。截至2015年，来自19个国家的90多个品牌通过了碳标签认证，包括乐购（Tesco）、戴森（Dyson）和金斯米尔（Kingsmill）（Zhao and Zhong，2015）。

消费者是开放市场的驱动者，他们对碳标签产品的接受程度是影响企业是否愿意尝试碳标签认证的重要因素。相关研究表明，59%的消费者在购物时会选择至少一种碳标签产品，这表明消费者购买碳标签产品的热情正在逐渐提高（Messum，2012）。但是，实际需求仍与企业预期相去甚远（Gupta and Ogden，2009；Gleim et al.，2013）。出现这种情况的关键在于溢价，消费者为获得碳标签产品支付更高的价格，才能满足碳排放需求（Milovantseva，2016）。然而，消费者往往只接受较低的产品溢价，他们购买碳标签产品的意愿受年龄、性别、收入、教育水平等个人特征的显著影响（Ramayah et al.，2010；Olive et al.，2011）。对企业来说，它们也必须面对产品溢价带来的市场风险，这可能会给企业的长期发展带来不确定性（Tian et al.，2014）。在现有的碳标签制度下，企业可选择性地使用碳标签（Shi，2013；Tan et al.，2014），但它们缺乏足够的外部政策驱动力，因此可能会降低它们使用碳标签认证的意愿（Zhao et al.，2017）。政府在制定精心设计的政策方面发挥主导作用，以推动工业创新，从而实现产品的可持续发展和促进可持续绩效（Kanada et al.，2013；Choi，2015）。可持续绩效需要所有参与者之间的协调，才能共同创造双赢的结果（Choi，2015）。然而，由于所有参与者之间的关系非常复杂，例如信赖度和忠诚度等，政府政策制定和实施困难（Myeong et al.，2014；Choi，2014，2015）。如果企业不积极响应碳标签制度，僵化的政策也失去其原本意义（Kane，2010）。

从以上分析可以看出，碳标签制度的实施涉及政府、企业、消费者等多方利益相关者。具体而言，目前碳标签产品市场对企业、消费者和政府的利益尚未达成一致。如何预测它们的战略互动对加速低碳消费具有现实意义。中国目前没有碳标签制度，本书讨论发展碳标签产品市场的影响，以鼓励利益相关者促进低碳消费和生产。

本章介绍碳标签相关研究的发展。第 2 章通过实证研究和系统动力学（system dynamics，SD）模拟，探讨消费者对碳标签方案的认知。第 3 章应用博弈论模拟碳标签产品市场中企业、消费者和政府之间的战略互动。第 4 章介绍碳标签的改进及其在产品和服务中的应用。第 5 章总结研究工作，并深入介绍促进碳标签发展的政策含义。

1.2　碳标签相关研究

本节采用文献计量分析回顾 2007～2019 年碳标签方案的研究进展，对文献数量、国家、作者、机构和高被引文献等进行统计分析。

文献数据是通过 Web of Science（WOS）Core Collection 数据库的预定义信息检索获得的，主要是从科学引文索引（Science Citation Index Expanded，SCIE）、社会科学引文索引（Social Sciences Citation Index，SSCI）和艺术与人文科学引文索引（Arts and Humanities Citation Index，A&HCI）的子数据库中获得。预定义条目是根据"碳标签*"及其相关定义中特征词设置的，例如环境影响、生命周期评估、产品、服务等。2020 年 5 月 14 日有 2016 条记录，其文档类型仅限于英文文献或评论，见表 1.1。然而，大部分文献集中在分析化学、物理化学、生物化学与分子生物学、微生物学等方面，显然与研究主题不相符。删除重复和不相关的文献后，最终确定 175 篇文献作进一步的文献计量分析。

表 1.1 数据检索标准

数据集	结果	检索标准
#6	2016	#5 或#4 或#3 或#2 或#1 语言：英语 文献类型：文章或评论 索引 = SCI-EXPANDED，SSCI，A&HCI 时间跨度 = 2007～2019 年
#5	210	TS = 碳标签*和 TS = 环境影响 语言：英语 文献类型：文章或评论 索引 = SCI-EXPANDED，SSCI，A&HCI 时间跨度 = 2007～2019 年
#4	378	TS = 碳标签*和 TS = 消费* 语言：英语 文献类型：文章或评论 索引 = SCI-EXPANDED，SSCI，A&HCI 时间跨度 = 2007～2019 年
#3	68	TS = 碳标签*和 TS = 生命周期评估 语言：英语 文献类型：文章或评论 索引 = SCI-EXPANDED，SSCI，A&HCI 时间跨度 = 2007～2019 年
#2	68	TS = 碳标签*和 TS = 服务 语言：英语 文献类型：文章或评论 索引 = SCI-EXPANDED，SSCI，A&HCI 时间跨度 = 2007～2019 年
#1	1601	TS = 碳标签*和 TS = 产品 语言：英语 文献类型：文章或评论 索引 = SCI-EXPANDED，SSCI，A&HCI 时间跨度 = 2007～2019 年

注：TS 表示统计总量。

通过分析文献数量、国家、类别、期刊、机构、作者、高被引文献和关键词等指标来调查碳标签相关研究的进展，通过应用 Microsoft Office Excel 和文献计量在线分析平台来进行统计分析。期刊影响因子来自 2018 年的《期刊引证报告》(*Journal Citation Reports*，JCR)。利用 CiteSpace 软件包生成共现网络，将关键词之间的底层联系可视化。

1. 文献数量

如图 1.1 所示，2007～2019 年共有 175 篇文献发表。2007～2016 年呈逐渐增加趋势，在 2016 年达到了发表高峰。2007～2009 年每年发表的文献不到 5 篇，这是碳标签计划的起步阶段，正如英国在 2006 年发布的那样；2009～2011 年，碳标签文献数量迅速增加；2011～2013 年，文献数量保持不变，每年发表 10 篇；从 2014 年开始，文献数量增长显著，并在 2016 年达到峰值，与 2007 年相比增长了 15.5 倍，可能的原因是《巴黎气候协定》推动了全球碳市场的结构转型，这需要有效的基于市场的政策支持，例如碳标签计划、生态标签计划、碳交易机制，以促进减排和能源转型（Aldy et al.，2016；Fujimori et al.，2016；Falkner，2016）；2017 年相较 2016 年，文献数量减少了 39.4%，2017～2019 年保持缓慢增长。

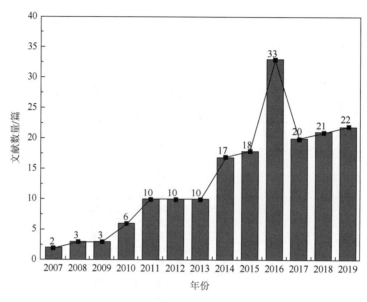

图 1.1　2007～2019 年文献数量

2. 文献国家

有 43 个国家和地区在碳标签相关研究领域投稿，表 1.2 显示了 2007～2019 年发表量排名前 10 位的国家。很明显，美国排名第一，中国排名第二，其次是英国、德国、澳大利亚和意大利。欧盟国家的出版物贡献最多，这表明它们在经济和政治方面的密切合作产生了区域溢出效应。

表 1.2　2007～2019 年发表文献排名前 10 的国家

国家	中心度	TP	占比/%
美国	0.98	41	23.43
中国	0.21	27	15.43
英国	0.38	23	13.14
德国	0.19	16	9.14
澳大利亚	0.19	14	8.00
意大利	0.92	13	7.43
荷兰	0.70	10	5.71
瑞典	0.08	10	5.71
法国	0.61	9	5.14
韩国	0.82	7	4.00

注：TP 为文献总数。

图 1.2 显示了发表文献排名前 5 的国家文献数量变化，2015～2018 年为发表高峰期。英国和美国率先实行碳标签计划，对低碳消费和生产的政策制定具有显著的推动作用。在发展中国家，与碳标签相关的研究仍处于悬而未决的状态，例如，中国在 2012 年之前一直未研究此类问题。在能源紧缺的压力下，中国迅速转向低碳发展，在消费和生产力方面发生了巨大改变（Liu et al.，2012）。在这种背景下，中国呼吁实行碳标签制度，改变消费模式，同时升级供应链以进一步提高产品或服务质量（Wang et al.，2015）。

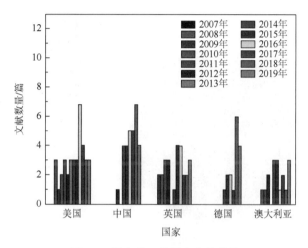

图 1.2　排名前 5 的国家文献数量

国际合作为评估各国在碳标签相关研究中的学术影响提供了新视角。图 1.3 显示了国际合作网络，其中每个国家都用一个圆圈表示，圆圈的大小代表合作的频率，圆越大，合作的频率越高。圆圈的粗细代表中心度，圆圈越粗，中心度越高。中心度表示一个国家在某一研究领域的国际地位。美国的中心度最大（0.98），表明美国在该研究领域具有较高的国际影响力。意大利虽然只发表了 13 篇文献，但中心度排名第二（0.92），表明国际合作发展潜力巨大。中国虽然文献数量排名第二，但其中心度相对较低，需要加强国际合作以促进交流。

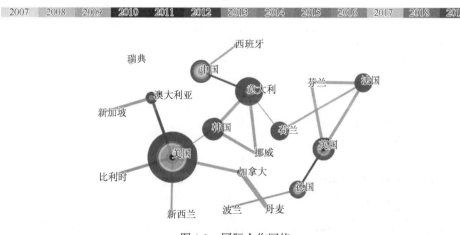

图 1.3　国际合作网络

3. 学科类别和发表的期刊

2007～2019 年碳标签制度研究涉及的课题广泛，分为 44 个类别，图 1.4 显示了发表文献排名前 10 的学科类别，最常见的类别是环境科学，占 23.1%。学科门类主要涉及环境、经济、食品和商业，表明碳标签相关研究涉及多学科领域。

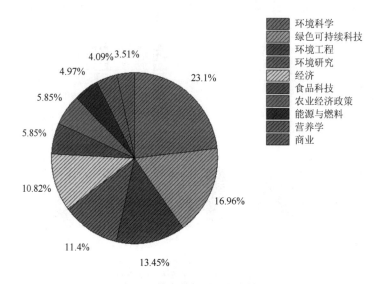

图 1.4　排名前 10 的学科类别

碳标签相关文献发表在 85 种期刊上，表 1.3 为前 10 种期刊，共发表文献 86 篇，占总发表文献量的 49.14%。大部分期刊来自爱思唯尔集团。*Journal of Cleaner Production* 的发文量和引用次数均最高。*Renewable & Sustainable Energy Reviews* 的影响因子最高，*Food Policy* 的平均引用次数最高。

表 1.3　发表文献最多的前 10 种期刊

期刊	影响因子（2018 年）	EP/篇	百分比/%	TC/次	ACP/次
Journal of Cleaner Production	6.395	37	21.14	149	4.03
Food Policy	3.788	10	5.71	91	9.10
Sustainability	2.592	10	5.71	1	0.10
Energy Policy	4.880	6	3.43	3	0.50
International Journal of Life Cycle Assessment	4.868	5	2.86	7	1.40
British Food Journal	1.717	4	2.29	24	6.00
Appetite	3.501	4	2.29	19	4.75
Renewable & Sustainable Energy Reviews	10.556	4	2.29	14	3.50
Environmental Science & Policy	4.816	3	1.71	26	8.67
Energy Economics	4.151	3	1.71	21	7.00

注：EP 表示全部文献；TC 表示总引用；ACP 表示每篇文献的平均引用。

4. 研究机构分布

表 1.4 展示了按第一作者发表数量排序的前 5 名的机构，2007～2019 年有 287 家机构参与碳标签相关研究。西南交通大学为发表文献最多的机构，其次是中央昆士兰大学、瑞典农业科学大学、苏黎世联邦理工学院和高丽大学。西南交通大学在该领域发表文献 6 篇，主要侧重于通过系统动力学和博弈论研究消费者、企业和政府在碳减排标签制度实施中的相互作用，为可持续消费和生产政策制定提供支持（Zhao et al.，2016，2018a）。中央昆士兰大学提出将碳标签作为反映建筑材料对环境影响的指标，可以实现绿色建筑设计（Wu and Feng，2012；Wu et al.，2014b）。瑞典农业科学大学密切关注食品碳足迹不确定性的测量（Röös et al.，2010，2011）。苏黎世联邦理工学院和高丽大学强调消费者对碳标签产品的偏好和支付意愿，并据此探讨可能的影响因素（Van Loo et al.，2014；Lazzarini et al.，2017；Shi et al.，2018）。

表 1.4　发表文献最多的机构

机构	国家	TP
西南交通大学	中国	6
中央昆士兰大学	澳大利亚	4
瑞典农业科学大学	瑞典	4
苏黎世联邦理工学院	瑞士	4
高丽大学	韩国	3

注：TP 为文献总数。

5. 高被引文献

表 1.5 为 2007～2019 年碳标签领域被引次数最多的前 10 篇文献。这些文献发表在 7 种期刊上，其中 3 篇高被引文献发表在 *Food Policy* 期刊上。根据第一作者所在机构的统计情况，Grunert 等（2014）发表的文献以 267 次引用排名第一。在这些高被引文献中，有一些侧重于比较各种可持续标签方案的效用，包括碳标签、环境和道德标签（Onozaka and McFadden，2011；Grunert et al.，2014；Van Loo et al.，2014；Lazzarini et al.，2017；Shi et al.，2018）。这些高被引文献大部分通过选择实验、结构化访谈和问卷调查等方式，从方法论角度关注公众对有机食品的态度（Vermeir and Verbeke，2006；Janssen and Hamm，2012）。通过使用 Schwartz 的价值观理论与计划行为理论（Aertsens et al.，2009；Zander and Hamm，2010），探索消费者对有机食品的偏好和支付意愿。然而，一些研究坚定地认为，如果消费者能够充分了解相关的标签信息，碳标签可能会提供一个信号，帮助他们改变购买行为（Peschel et al.，2016；Camilleri et al.，2019）。在这种情况下，Rugani 等（2013）讨论碳足迹的基本方法，即生命周期评估，是否可以随着透明度的提高而得到改进。综上所述，这些高被引文献解决了碳标签方案应用中的许多问题，为碳标签方案未来的发展奠定了基础。

表 1.5　前 10 名高被引文献

标题	作者	国家和机构	期刊和年份	TC/次	ACP/次
Sustainability labels on food products: consumer motivation, understanding and use	Grunert K G, Hieke S, Wills J	Denmark, University of Aarhus	*Food Policy* (2014)	267	44.50
Does local labelling complement or compete with other sustainable labels? A conjoint analysis of direct and joint values for fresh produce claim	Onozaka Y, McFadden D T	Norway, University of Stavanger	*American Journal of Agricultural Economics* (2011)	144	16.00
The use and usefulness of carbon labelling food: a policy perspective from a survey of UK supermarket shoppers	Gadema Z, Oglethorpe D	UK, University of Northumbria at Newcastle	*Food Policy* (2011)	112	12.44
Carbon labelling of grocery products: public perceptions and potential emissions reductions	Upham P, Dendler L, Bleda M	UK, University of Manchester	*Journal of Cleaner Production* (2011)	108	12.00
Consumers' valuation of sustainability labels on meat	Van Loo E J, Caputo V, Nayga R M, Verbeke W	South Korea, Korea University	*Food Policy* (2014)	85	14.17
Product-level carbon auditing of supply chains environmental imperative or wasteful distraction?	McKinnon A C	UK, Heriot-Watt University	*International Journal of Physical Distribution & Logistics Management* (2010)	68	6.80
The potential role of carbon labelling in a green economy	Cohen M A, Vandenbergh M P	USA, Vanderbilt University	*Energy Economics* (2012)	67	8.38
Finish consumer perceptions of carbon footprints and carbon labelling of food products	Hartikainen H, Roininen T, Katajajuuri K M, Pulkkinen H	Finland, MTT Agrifood Research Finland	*Journal of Cleaner Production* (2014)	64	10.67
Vulnerability of exporting nations to the development of a carbon label in the United Kingdom	Edwards-Jones G, Plassmann K, York E H, Hounsome B, Jones D L, Canals L	UK, Bangor University	*Environmental Science & Policy* (2009)	64	5.82
Challenges of carbon labelling of food products: a consumer research perspective	Roos E, Tjarnemo H	Sweden, Swedish University of Agricultural Sciences	*British Food Journal* (2011)	51	5.67

注：TC 表示总引用；ACP 表示每篇论文的平均引用。

6. 关键词

关键词可以反映一定时期内研究的热点和话题（Yang and Meng, 2019）。使用 CiteSpace 软件包生成关键词共现网络（Chen and Song, 2019），在此过程中，通过将"碳标签（carbon label）"与"碳标签（carbon labeling）"、"温室气体"与"GHG"、"生命周期评估"与"LCA"等相似词进行合并，实现对多个同义词进行排序。表 1.6

显示了 2007～2019 年关键词出现的频率。共 98 个关键词，其中出现 10 次以上的关键词有 22 个。在检索的时间段内，"碳足迹""支付意愿""食品"是排名前 3 的关键词，表明对消费者关于碳标签产品态度的调查引起了学术界的广泛关注。

表 1.6　关键词的描述性统计

关键词	频率	中心度	占比/%
碳足迹	50	0.18	7.72
支付意愿	37	0.18	5.38
食品	28	0.03	4.07
碳标签	26	0.38	3.78
消费者	26	0.20	3.78
产品	24	0.07	3.49
气候变化	21	0.10	3.05
信息	20	0.32	2.91
行为	18	0.13	2.62
温室气体排放	18	0.04	2.62
生命周期评估	17	0.19	2.47
生态标签	16	0.21	2.33
可持续性	16	0.23	2.33
影响	15	0.06	2.18
选择	14	0.12	2.03
足迹	14	0.12	2.03
感知	14	0.05	2.03
态度	13	0.20	1.89
标签	13	0.03	1.89
选择实验	12	0.08	1.74
偏好	11	0.10	1.60
政策	10	0.14	1.45

图 1.5 显示了关键词共现网络。圆圈的大小代表出现频率，圆圈越大，出现频率越高；节点之间的线表示它们的连接，线条越粗，连接越牢固；线条颜色较浅，说明近年来衍生出多个研究热点。最大的圆圈是"碳足迹"，"碳标签"、"支付意愿"、"食品"和"态度"是密切相关的。中心度最高的节点是"碳标签"，它连接了四个节点，包括"碳足迹""信息""生命周期评估""绩效"。这意味着生命周期评估是碳标签计划执行的基础，通过该计划提供各种形式的碳足迹信息。此外，文献对消费者关于碳标签计划的行为也充满了研究兴趣。消费者是碳标签产品或服务的接受者，他们的购买意愿对标签政策的实施至关重要（Shuai et al.，2014；Zhao et al.，2018b）。

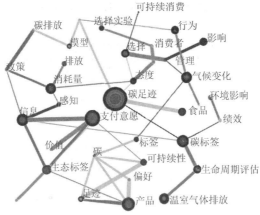

图 1.5　关键词共现网络

进行关键词聚类以确定碳标签相关研究的研究前沿。共 7 个聚类对应的轮廓值都在 0.7 以上（如果大于 0.5，则认为聚类是合理的），如图 1.6 所示。最大的集群（#0）为"分类任务"，强调分类的应用，以确保在具有不同碳排放量的类似产品之间进行比较。第二个集群（#1）为"不确定性分析"，重点关注碳足迹评估的不确定性。第三个集群（#2）为"碳足迹标签"，主要关注其深远影响，例如环境影响、能源效率等。第四个集群（#3）为"气候变化"，表明公众对碳标签的认识程度。

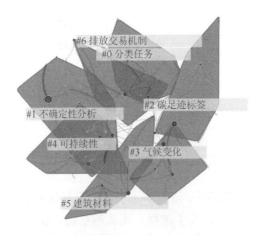

图 1.6　碳标签相关研究关键词聚类

突发检测用于确定研究热点是否发生变化（Chen，2006）。爆词是指在短时间内突然出现或显著增加的关键词，可以为未来的研究提供思路（Zhu and Hua，2017）。爆词由 Kleinberg 提出的算法检测得到，该算法根据它们在有限时间内的频率生成重要单词列表（Chen，2006），单词变化的频率意味着可能的状态转换，表示为爆发（Onozaka et al.，2016）。

　　图 1.7 中,深色矩形表示最强的爆发,因为相应的关键字在特定时间节点中多次出现。图 1.7 中的"强度"表示在特定时间段内被提及频率高于其他词的突发词的频率指数(Chen,2017)。

关键词	年份	强度	起始	截止	2007~2019年
碳足迹（carbon footprint）	2007	3.1438	2009	2011	
碳标签（carbon label）	2007	5.3361	2010	2014	
食品（food）	2007	1.865	2012	2013	
能源（energy）	2007	2.6498	2012	2013	
碳排放（carbon emission）	2007	1.9102	2012	2015	
生命周期评估（life cycle assessment）	2007	3.4776	2013	2015	
食品消耗（food consumption）	2007	2.5427	2014	2015	
超市（market）	2007	1.4584	2015	2016	
生态标签（eco label）	2007	3.138	2015	2017	
消费者行为（consumer behaviour）	2007	1.5097	2016	2017	
碳（carbon）	2007	0.8446	2016	2019	
偏好（preference）	2007	1.9428	2016	2017	
感知（perception）	2007	2.2906	2017	2019	
行为（behavior）	2007	1.9389	2017	2019	
消费者（consumer）	2007	0.954	2017	2019	

图 1.7　突发检测排名前 15 的关键词

　　本项研究中有 15 个关键词具有明显的爆发性。碳标签研究分为三个阶段：首先是 2007~2012 年,碳标签计划还处于起步阶段,爆词主要包括碳足迹、碳标签、碳排放、食品和能源（Tan et al.,2012）。这一阶段碳标签政策逐渐在家用设备和建筑行业使用,以评估其能源效率。第二阶段是 2013~2015 年,关键词覆盖范围迅速扩大,涵盖生命周期评估、生态标签、食品消费和市场。在这个阶段,研究更倾向于标签政策的效用及其对生产、贸易和出口可能产生的影响。例如,将碳标签计划与其他生态标签进行比较,以突出其对贸易和经济发展的影响（Röös and Tjarnemo,2011）。在第三阶段（2016~2019 年）,研究通过调查个人对碳标签产品或服务的行为来了解他们的感知、偏好和支付意愿（Spaargaren et al.,2013；Zhao and Zhong,2015；Zhao et al.,2017；Chen et al.,2018）。同时,碳标签相关研究逐渐关注多方利益相关者的互动关系（Juvan and Dolnicar,2016）。碳标签方案的应用逐渐从产品向服务转变,例如旅游。碳标签可能会影响购买低碳旅游服务的有环保意识的游客的行为（Hu et al.,2019）。

1.3　与碳标签实践相关的问题

　　对 175 篇碳标签相关文献进行分析,明确目前碳标签实践中存在的三个困难,为未来的研究奠定基础。首先,精确计算碳排放是碳标签实践的先决条件（Röös et al.,2010）。

大多数碳标签都以足迹形式呈现，故碳标签也称为碳足迹标签（Liu et al.，2016）。正如碳标签的定义，基于生命周期的碳足迹是碳标签呈现的基石（Cohen and Vandenbergh，2012）。然而，特定产品或服务的模拟系统边界难以界定，这可能会导致结果表述的不确定性，从而降低标签方案的可信度（Wu et al.，2014b）。例如，现有研究表明，由于生命周期核算的系统边界不同，作物的碳足迹因产地而异，从而导致食品碳标签实践具有不确定性（Röös et al.，2011）。这种不确定性可能会导致同一产品的包装上标注的数值明显不同（Zhao et al.，2012）。因此，研究者们呼吁改进碳足迹评估，以确保同类产品或服务之间公平比较。此外，生命周期评估通常遵循一个功能单元，这限制了各种类型产品之间的可比性（Röös et al.，2010）。为了提高各种标签方案的可比性（Upham et al.，2011），可采用标准化方法将产品或服务的碳足迹标准化为一个共同的规模。

碳标签实践中的第二个问题是与消费者沟通不畅。许多研究发现，消费者对标签信息感到困惑，即使他们愿意为碳标签产品或服务支付一定的溢价（Koistinen et al.，2013；Osman and Thornton，2019）。在这种情况下，研究方向转为改进可视化，帮助消费者更好地了解标签方案的作用，例如，通过使用标准化方法来指示产品碳足迹强度的交通灯颜色系统（Hornibrook et al.，2015；Thøgersen and Nielsen，2016）。这种形式的标签是否能有效地加强沟通，有待进一步验证。此外还要注意的是，消费者可能对环境问题不理性（Lombardi et al.，2017）。传统的研究方法，包括问卷调查、焦点小组、深度访谈等，已被广泛用于探索消费者对碳标签产品的认知和支付意愿（Matukin et al.，2016）。然而，这些方法可能会受到基于意识的响应限制（Van Gaal et al.，2011；Khushaba et al.，2013）。神经科学擅长识别有意识和潜意识的反应，从而区分社会意识和实际行为（De-Magistris et al.，2017；Zhao，2019），有助于调查消费者对不同形式标签展示的看法。

碳标签实践中的第三个问题是重叠标签政策。以食品为例，其包装上贴有许多标签，例如有关有机食品、食物里程、动物福利和碳足迹的信息（Galli et al.，2012）。各种标签不仅增加了包装设计的复杂性，也带来了信息可信度和可靠性的问题，甚至导致消费者在购买产品时更加困惑。因此，各种标签政策的整合对确保信息未覆盖和改进标签呈现形式至关重要（Shuai et al.，2014；Onozaka et al.，2016）。

未来的研究可以在优化标签认证的生命周期评估，改进标签可视化，以及规范各种环境标签以促进可持续消费等方面开展。应研究如何实施碳标签标准，以及在不同国家之间统一碳标签计划，为可持续消费和生产政策的制定提供基础。此外，未来的研究也可以关注碳标签计划是否可以使消费者为保护环境付费。在这种情况下，可以深入分析消费者与企业之间以及企业与政府之间的联系，以更好地制定和实施碳标签计划。

参 考 文 献

Aertsens J，Verbeke W，Mondelaers K，Van Huylenbroeck G（2009）Personal determinants of organic food consumption: a review. Brit Food J 111：1140-1167

Aldy J，Pizer W，Tavoni M，Reis LA，Akimoto K，Blanford G，Carraro C，Clarke LE，Edmonds J，Iyer GC，McJeon HC，Richels R，Rose S，Sano F（2016）Economic tools to promote transparency and comparability in the Paris Agreement. Nat Clim Change 6：1000-1004

Brenton P，Edwards-Jones G，Jensen MF（2009）Carbon labelling and low-income country exports：a review of the development issues. Dev Policy Rev 27：243-267

Camilleri AR，Larrick RP，Hossain S，Patino-Echeverri D（2019）Consumers underestimate the emissions associated with food but are aided by labels. Nat Clim Change 9：53-58

Carbon Trust（2008a）Product carbon footprinting：the new business opportunity. Experiences from leading companies. The Carbon Trust，London

Carbon Trust（2008b）Code of good practice for product greenhouse gas emissions and reduction claims（CTC745）. The Carbon Trust，London

Chen CM（2006）CiteSpace II：detecting and visualizing emerging trends and transient patterns inscientific literature. J Am Soc Inf Sci Tec 57：359-377

Chen CM（2017）Science mapping：a systematic review of the literature. J Data Inf Sci 2：1-40

Chen CM，Song M（2019）Visualizing a field of research：a methodology of systematic scientometric reviews. Plos One 14

Chen N，Zhang ZH，Huang SM，Zheng L（2018）Chinese consumer responses to carbon labelling：evidence from experimental auctions. J Environ Plan Man 61：2319-2337

Choi Y（2014）Global e-business management：theory and practice. Bomyoung-books Publishing Co，Seoul

Choi Y（2015）Introduction to the special issue on "Sustainable e-governance in Northeast-Asia：challenges or sustainable innovation'. Technol Forecas Soc Change 96：1-3

Cohen MA，Vandenbergh MP（2012）The potential role of carbon labelling in a green economy. Energy Econ 34：S53-S63

DEFRA（Department for Environment，Food andRural Affairs）（2009）Guidance on howtomeasure and report your greenhouse gas emissions. http://www.defra.gov.uk. Accessed 31 Oct 2011

De-Magistris T，Gracia A，Barreiro-Hurle J（2017）Do consumers care about European food labels?An empirical evaluation using best-worst method. Brit Food J 119：2698-2711

Deutz P，Neighbour G，McGuire M（2010）Integrating sustainable waste management into product design：sustainability as a functional requirement. Sus Dev 18：229-239

Falkner R（2016）The Paris Agreement and the newlogic of international climate politics. IntAffairs 92：1107-1125

Fang K，Heijungs R，de Snoo GR（2014）Theoretical exploration for the combination of the ecological，energy，carbon，and water footprints：overview of a footprint family. Ecol Indic 36：508-518

Fujimori S，Kubota I，Dai H，Takahashi K，Hasegawa T，Liu J，Hijioka Y，Masui T，Takimi M（2016）Will international emissions trading help achieve the objectives of the Paris Agreement? Environ Res Lett 11

Galli A，Wiedmann T，Ercin E，Knoblauch D，Ewing B，Giljum S（2012）Integrating ecological，carbon and water footprint into a "footprint family" of indicators：definition and role in tracking human pressure on the planet. Ecol Indic 16：100-112

Gleim MR，Smith JS，Andrews D，Cronin JJ（2013）Against the green：a multi-method examination of the barriers to green consumption. J Retail 89：44-61

Gomi K，Shimada K，Matsuoka Y（2010）A low-carbon scenario creation method for a local-scale economy and its application in Kyoto city. Energ Policy 38：4783-4796

Grunert KG，Hieke S，Wills J（2014）Sustainability labels on food products：consumer motivation，understanding and use. Food Policy 44：177-189

Guenther M，Saunders CM，Tait PR（2012）Carbon labelling and consumer attitudes. Carbon Manag 3：445-455

Gupta S，Ogden DT（2009）To buy or not to buy? A social dilemma perspective on green buying. J Consum Market 26：376-391

Hornibrook S，May C，Fearne A（2015）Sustainable development and the consumer：exploring the role of carbon labelling in retail supply chains. Bus Strategy Environ 24：266-276

Hu AH，Chen CH，Lan YC，Hong MY，Kuo CH（2019）Carbon-labelling implementation in Taiwan by combining strength-weakness-opportunity-threat and analytic network processes. EnvironEng Sci 36：541-550

Iribarren D，Hospido A，Moreira MT，Feijoo G（2010）Carbon footprint of canned mussels from a business-to-consumer approach：

a starting point formussel processors and policymakers. Environ Sci Policy 13：509-521

Janssen M，Hamm U（2012）Product labelling in the market for organic food：consumer preferences and willingness-to-pay for different organic certification logos. Food Qual Prefer 25：9-22

Juvan E，Dolnicar S（2016）Measuring environmentally sustainable tourist behaviour. Ann Tourism Res 59：30-44

Kanada M，Fujita T，Fujii M，Ohnishi S（2013）The long-term impacts of air pollution control policy：historical links between municipal actions and industrial energy efficiency in Kawasaki City，Japan. J Clean Prod 58：92-101

Kane G（2010）The three secrets of green business：unlocking competitive advantage in a lowcarbon economy. Earthscan，London

Khushaba RN，Wise C，Kodagoda S，Louviere J，Kahn BE，Townsend C（2013）Consumer neuroscience：assessing the brain response to marketing stimuli using electroencephalogram（EEG）and eye tracking. Expert Syst Appl 40：3803-3812

Koistinen L，Pouta E，Heikkilä J，Forsman-Hugg S，Kotro J，Mäkelä J，Niva M（2013）The impact of fat content，production methods and carbon footprint information on consumer preferences for minced meat. Food Qual Prefer 29：126-136

Lazzarini GA，Visschers VHM，Siegrist M（2017）Our own country is best：factors influencing consumers' sustainability perceptions of plant-based foods. Food Qual Prefer 60：165-177

Liu WL，Wang C，Xie X，Mol APJ，Chen JN（2012）Transition to a low-carbon city：lessons learned from Suzhou in China. Front Environ Sci Eng 6：373-386

Liu TT，Wang QW，Su B（2016）A review of carbon labelling：standards，implementation，and impact. Renew Sust Energ Rev 53：68-79

Lombardi GV，Berni R，Rocchi B（2017）Environmental friendly food. Choice experiment to assess consumer's attitude toward "climate neutral" milk：the role of communication. J Clean Prod 142：257-262

Matukin M，Ohme R，Boshoff C（2016）Toward a better understanding of advertising stimuli processing exploring the link between consumers' eye fixation and their subconscious responses. J Advertising Res 56：205-216

Messum D（2012）Creating change through carbon footprinting. http://www.carbontrust.com/news/2012/02/creating-change-through-carbon-footprinting Accessed 14 Mar 2017

Milovantseva N（2016）Are American households willing to pay a premium for greening consumption of information and communication technologies? J Clean Prod 127：282-288

Myeong S，Kwon Y，Seo H（2014）Sustainable E-governance：the relationship among trust，digital divide，and E-government. Sustainability 6：6049-6069

Olive H，Volschenk J，Smit E（2011）Residential consumers in the Cape Peninsula's willingness to pay for premium priced green electricity. Energy Policy 39：544-550

Onozaka Y，McFadden DT（2011）Does local labelling complement or compete with other sustainable labels? A conjoint analysis of direct and joint values for fresh produce claim. Am J Agr Econ 93：693-706

Onozaka Y，Hu W，Thilmany DD（2016）Can eco-labels reduce carbon emissions? Market-wide analysis of carbon labelling and locally grown fresh apples. Agr Food Syst 31：122-138

Osman M，Thornton K（2019）Traffic light labelling of meals to promote sustainable consumption and healthy eating. Appetite 138：60-71

Peschel AO，Grebitus C，Steiner B，Veeman M（2016）How does consumer knowledge affect environmentally sustainable choices? Evidence from a cross-country latent class analysis of food labels. Appetite 106：78-91

Ramayah T，Lee JWC，Mohamad O（2010）Green product purchase intention：some insights from a developing country. Resour Conserv Recycl 54：1419-1427

Röös E，Tjarnemo H（2011）Challenges of carbon labelling of food products：a consumer research perspective. Brit Food J 113：982-996

Röös E，Sundberg C，Hansson P（2010）Uncertainties in the carbon footprint of food products：a case study on table potatoes. Int J Life Cycle Ass 15：478-488

Röös E，Sundberg C，Hansson P（2011）Uncertainties in the carbon footprint of refined wheat products：a case study on Swedish pasta.

Int J Life Cycle Ass 16：338-350

Röös E，Sundberg C，Tidåker P，Strid I，Hansson PA（2013）Can carbon footprint serve as an indicator of the environmental impact of meat production? Ecol Indic 24：573-581

Rugani B，Vázquez-Rowe I，Benedetto G，Benetto E（2013）A comprehensive review of carbon footprint analysis as an extended environmental indicator in the wine sector. J Clean Prod 54：61-77

Shi XP（2013）Spillover effects of carbon footprint labelling on less developed countries：the example of the East Asia summit region. Develop Policy Rev 31：239-254

Shi J，Visschers VHM，Bumann N，Siegrist M（2018）Consumers' climate-impact estimations of different food products. J Clean Prod 172：1646-1653

Shuai C，Ding L，Zhang Y，Guo Q，Shuai J（2014）How consumers are willing to pay for lowcarbon products? Results from a carbon-labelling scenario experiment in China. J Clean Prod 83：366-373

Song JS，Lee KM（2010）Development of a low-carbon product design system based on embedded GHG emissions. Resour Conserv Recy 54：547-556

Spaargaren G，van Koppen CSA，Janssen AM，Hendriksen A，Kolfschoten CJ（2013）Consumer responses to the carbon labelling of food：a real life experiment in a canteen practice. Sociol Ruralis 53：432-453

Tan CW（2009）Stimulating carbon efficient supply chains：carbon labels and voluntary public private partnerships Master diss. Massachusetts Institute of Technology，USA

Tan MQB，Tan RBH，Khoo HH（2012）Prospects of carbon labelling—a life cycle point of view. J Clean Prod 72：76-88

Tan MQB，Tan RBH，Khoo HH（2014）Prospects of carbon labelling：a life cycle point of view. J Clean Prod 72：76-88

Thøgersen J，Nielsen KS（2016）A better carbon footprint label. J Clean Prod 125：86-94

Tian Y，Govindan K，Zhu Q（2014）Asystem dynamics model based on evolutionary game theory for green supply chain management diffusion among Chinesemanufacturers. J Clean Prod 80：96-105

Upham P，Dendler L，Bleda M（2011）Carbon labelling of grocery products：public perceptions and potential emissions reductions. J Clean Prod 19：348-355

Van Gaal S，Lamme VA，Fahrenfort JJ，Ridderinkhof KR（2011）Dissociable brain mechanisms underlying the conscious and unconscious control of behavior. J Cogn Neurosci 23：91-105

Van Loo EJ，Caputo V，Nayga RM，Verbeke W（2014）Consumers' valuation of sustainability labels on meat. Food Policy 49：137-150

Vermeir I，Verbeke W（2006）Sustainable food consumption：exploring the consumer "Attitude behavioral intention" gap. J Arg Environ Ethic 19：169-194

Wang CX，Wang LH，Liu XL，Du C，Ding D，Jia J，Yan Y，Wu G（2015）Carbon footprint of textile throughout its life cycle：a case study of Chinese cotton shirts. J Clean Prod 108：464-475

Wiedmann T，Minx J（eds）（2008）A definition of carbon footprint. Ecological economics research trends. New York，US

Wu P，Feng Y（2012）Using lean practices to improve current carbon labelling schemes for construction materials—a general framework. J Green Build 7：173-191

Wu P，Xia B，Pienaar J，Zhao X（2014a）The past，present and future of carbon labelling for construction materials—a review. Build Environ 77：160-168

Wu P，Low SP，Xia B，Zuo J（2014b）Achieving transparency in carbon labelling for construction materials—lessons from current assessment standards and carbon labels. Environ Sci Policy 44：11-25

Wu P，Feng YB，Pienaar J，Xia B（2015）A review of benchmarking in carbon labelling schemes for building materials. J Clean Prod 109：108-117

Yang Y，Meng GF（2019）A bibliometric analysis of comparative research on the evolution of international and Chinese ecological footprint research hotspots and frontiers since 2000. Ecol Indic 102：650-665

Zander K，Hamm U（2010）Consumer preferences for additional ethical attributes of organic food. Food Qual Prefer 21：495-503

Zhao R（2019）Neuroscience as an insightful decision support tool for sustainable development. Iran J Public Health 48：1933-1934

Zhao R，Zhong S（2015）Carbon labelling influences on consumers' behaviour: a system dynamics approach. Ecol Indic 51：98-106

Zhao R，Deutz P，Neighbour G，McGuire M（2012）Carbon emissions intensity ratio: an indicator for an improved carbon labelling scheme. Environ Res Lett 7：9

Zhao R，Zhou X，Han J，Liu C（2016）For the sustainable performance of the carbon reduction labelling policies under an evolutionary game simulation. Technol Forecast Soc Change 112：262-274

Zhao R，Zhou X，Jin Q，Wang Y，Liu CL（2017）Enterprises' compliance with government carbon reduction labelling policy using a system dynamics approach. J Clean Prod 163：303-319

Zhao R，Han JJ，Zhong SZ，Huang Y（2018a）Interaction between enterprises and consumers in a market of carbon-labelled products: a game theoretical analysis. Environ Sci Pollut Res 25：1394-1404

Zhao R，Geng Y，Liu Y，Tao X，Xue B（2018b）Consumers' perception，purchase intention，and willingness to pay for carbon-labelled products: a case study of Chengdu in China. J Clean Prod 171：1664-1671

Zhu J，Hua W（2017）Visualizing the knowledge domain of sustainable development research between 1987 and 2015: a bibliometric analysis. Scientometrics 110：893-914

第2章 面向碳标签认证的消费者行为

摘要：消费者是开放市场的驱动力。消费者对碳标签产品的接受程度直接关系着碳标签实践是否成功。本章旨在调查消费者对碳标签产品的了解程度、购买意愿及其愿意为碳标签产品所支付的费用。尽管目前中国尚未实施碳标签制度，但先行研究这一低碳制度的潜在影响至关重要。本章以成都为案例城市，建立演化博弈结合系统动力学（SD）模型，模拟消费者的行为交互，探究消费者群体对于选购碳标签产品的行为响应。通过本研究，以期为制定更有效的可持续消费和生产体系的商业战略提供政策建议，以促进低碳生产并减少碳排放，从而培育适合中国的碳标签体系。

关键词：碳标签产品 购买意向 支付意愿 系统动力学

2.1 引　言

过去的研究仅仅是采取简单问询的方式来调查消费者是否愿意接受碳标签产品，这对提供个人消费行为方面的信息比较有限（Spaargaren et al.，2013；Liu et al.，2016）。例如，Borin 等（2011）认为，调查方式更多关注的是消费者在购买行为中对产品质量和价值的偏好，而不是所贴标签的环境信息。消费者对于是否购买碳标签商品具有主观性和决定性作用。因此，有必要对消费者在碳标签产品方面的行为进行研究，以科学分析其购买意愿和支付意愿的潜在变化，从而识别影响向低碳社会转型的关键因素。

碳标签产品的最终买家——消费者对碳标签产品的接受程度直接影响到企业在其产品上添加碳标签的意愿（Rijnsoever et al.，2015）。越来越多的研究聚焦于消费者对碳标签政策或碳标签产品的看法。相关研究表明，消费者对碳标签的认识等因素可能会使消费者产生不同程度的感知风险，这进一步影响其购买意向和支付意愿（Chekima et al.，2016；Maniatis，2016）。Vanclay 等（2011）发现，如果采用适当的价格机制，低碳标签产品的销售量将会增加。Hartikainen 等（2014）通过在线问卷方式，调查芬兰消费者对碳标签产品的看法，进一步证实了这一发现。Shuai 等（2014a）应用逻辑回归分析方法对消费者支付碳标签产品的意愿进行分析，确认了受教育水平和收入水平是其中重要的影响因素。此外，Zhao 和 Zhong（2015）发现，产品溢价、人均收入和公众的受教育水平对消费者的支付意愿有显著影响。Peschel 等（2016）设计实验证实了消费者的受教育水平越高环保意识也越高，就越有意愿去购买贴附碳标签的食品。然而，也有研究认为，目前的碳标签制度并没有向消费者提供足够有意义的信息，因此消费者的行为可能不能准确反映他们对选购碳标签产品的真实意愿。例如，Upham 等（2011）发现，消费者很难理解碳标签上所传达的碳排放信息，从而影响购买意愿。Gadema 和 Oglethorpe（2011）

通过问卷调查发现，大多数消费者在试图理解碳标签时都会感到困惑。Gössling 和 Buckley（2016）研究了旅游业中碳标签的使用，也发现消费者对其了解较少。Sharp 和 Wheeler（2013）指出，居民更期待能通过像交通信号灯一样简洁的方式来指导他们方便地选购碳标签产品。然而，还需要进一步的研究来验证改进后的碳标签制度是否容易被消费者理解。

以往对消费者行为的研究主要是基于调查方法的实证研究，包括面对面访谈、在线或离线问卷调查等（Steiner et al.，2016）。例如，Kim 和 Trail（2010）考虑了个体动机、自我约束、外部动机和行为措施等因素，探寻影响体育消费者行为的积极和消极因素。Dholakia 等（2010）从以消费者为中心的角度提出了一种多维分析方法，以调查多渠道和多媒体零售环境中的消费者行为。此外，Upham 等（2011）利用专题小组评估英国消费者对碳标签食品的接受程度，并讨论了影响其购买行为的潜在因素。Guenther 等（2012）的类似研究也采用了专题小组来对比分析英国和日本消费者对碳标签产品的接受程度。Echeverria 等（2014）设计了一份开放式问卷，调查智利消费者对碳标签产品的支付意愿。Shuai 等（2014b）、Vecchio 和 Annunziata（2015）进一步对消费者开展了实验研究，一方面采用问卷调查来确定影响低碳产品购买意愿的因素，另一方面设计拍卖实验来评估碳标签食品的溢价。Li 等（2017）在问卷调查的基础上建立了逻辑回归方法，确定影响消费者购买低碳产品意愿的主要因素。Zhao 等（2018a）扩展了逻辑回归方法，分析溢价如何影响消费者对碳标签食品的支付意愿。总体来说，这些研究表明，目前市场尚未建立关于碳标签产品的市场有效需求，碳标签制度还需要进一步改进。此外，这些研究表明，消费者必须承担产品溢价，因为生产者在计算产品的碳足迹过程中已经承担了额外的成本（Li et al.，2016）。然而，很少有研究明确说明该产品的溢价水平应该是多少，特别是在普通消费者环境意识较低的发展中国家（如中国）。在这种情况下，本章旨在系统调查消费者对碳标签产品的看法、购买意向和支付意愿。尽管目前中国尚未实施碳标签制度，但先行研究这一低碳制度的潜在影响至关重要。成都是中国西南部的大城市，也是中国经济发展迅速的典型城市。在此背景下，本章以成都市为例，区分不同消费者群体对选购碳标签产品的决策能力，为发展低碳消费提供理论依据和实证支持。以碳标签的牛奶为例，2.2 小节论述简单的碳排放信息的牛奶产品生命周期包括四个阶段，即原奶生产、乳制品加工、产品运输和包装废物处理，各阶段均提供了足够的碳标签信息。进一步采用问卷调查方式，研究受访者对该碳标签食品的认知程度、购买意向和支付意愿。2.3 小节论述一个拍卖和消费的混合实验，针对大学生群体来研究其对碳标签食品的购买意向和支付意愿。2.4 小节利用系统动力学方法来解释消费者对碳标签产品数量变化时的感知程度。这些研究将为可持续的消费和生产制定更有效的商业战略提供基础，以促进碳减排。通过本书的研究，以期为制定更有效的绿色低碳消费体系和生产体系的商业战略提供政策建议。此外，本书研究结果还为中国碳标签体系的发展提供重要依据。

2.2　乳制品的碳排放评估

食品是日常必需品，其生产和消费对全球碳排放有显著影响（Virtanen et al.，2011；Wheeler and Von Braun，2013）。

中国是世界第三大乳制品消费国（Hagemann et al.，2012；Huang et al.，2014）。与乳制品相关的温室气体排放量每年都在增加（Baek et al.，2014；Adler et al.，2015）。随着"绿色消费主义"对市场的影响越来越大，为实现企业的可持续发展，低碳食品的开发已然成为食品工业可持续发展的现实需要（Beske et al.，2014；Biggs et al.，2015）。碳足迹是反映低碳行为的有效指标，是指某一产品或服务在其整个生命周期内的生产、运输、消费等环节引起的温室气体排放总量（Verge et al.，2013；Dong et al.，2014）。本书选择利乐包装的 1L 纯液体牛奶来评估其生命周期中的碳足迹。

很多研究通过生命周期评价（life cycle assessment，LCA）方法来测算乳制品的碳足迹。然而，传统的 LCA 方法中所需采集的数据和需要界定的系统边界等复杂性和不确定性均较大，使得在实际应用中难以准确测算（Chen and Corson，2014）。本书研究将提出一种基于牛奶 LCA 框架的简化评估方法，该方法侧重于向消费者展示牛奶的碳排放信息。相关研究将有助于乳制品企业识别其整个生命周期中碳排放密集度最高的步骤，鼓励具有环境保护意愿的乳制品企业率先尝试碳标签产品，从而有效促进乳制品供应链碳减排。

LCA 通过对产品在其整个生命周期中的各个环节开展定量调查，识别所有材料和能源的环境排放来评估其可能产生的环境影响，最终找到改善产品环境性能的方法（Huysveld et al.，2015）。根据国际标准化组织（ISO）定义，一个精确的 LCA 通常包含四个步骤：目标和范围定义、生命周期清单（life cycle inventory，LCI）分析、生命周期影响评估（life cycle impact assessment，LCIA）和结果解释（Azarijafari et al.，2016）。对于传统的 LCA，LCIA 过程主要使用不同类别的指标来详细说明生命周期清单（Nigri et al.，2014）。然而，只有产品碳足迹才被认为对全球变暖潜力具有指示性和预测性。产品碳足迹是指基于生命周期法评估得到的一个产品体系中温室气体排放和清除的总和，其结果以 CO_2 当量（CO_{2eq}）表示，其他影响（包括富营养化、酸雨潜势、毒性等）均忽略。生命周期研究可能并不总是需要使用影响评估法。LCI 的结果提供了产品系统的信息，包括产品系统中变量的所有输入和输出变化（Seppälä，2003），用于量化碳排放的影响。

2.2.1　系统边界定义

系统边界是 LCA 的关键组成部分，直接影响评价精度（Park et al.，2016）。本书只关注纯牛奶生产的直接过程，即只考虑能源和材料输入的影响，如图 2.1 所示。这样纯牛奶生命周期的系统边界就可以简化为四个阶段，即原奶生产、乳制品加工、产品运输和包装废物处理。

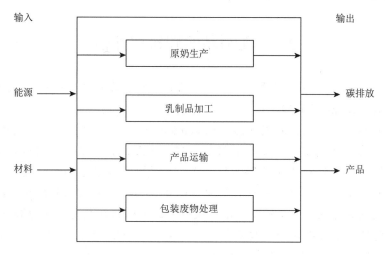

图 2.1 纯乳制品的系统边界

碳足迹包括两部分，即直接温室气体排放和间接温室气体排放，如式（2.1）所示。

$$GHG_{total} = GHG_{direct} + GHG_{indirect} \qquad (2.1)$$

直接温室气体排放可以通过化学计量学、质量平衡或类似的方法获得，并通过式（2.2）计算（IPCC，2006）：

$$GHG_{direct} = \sum_{i=1}^{n} D_i \times GWP_i \qquad (2.2)$$

式中，i 为牛奶生命周期的第 i 个排放源；D 为活动水平；GWP 为全球变暖潜势能值。

间接温室气体排放的计算公式如下（IPCC，2006）：

$$GHG_{indirect} = \sum_{i=1}^{n} A_i \times E_i \qquad (2.3)$$

式中，i 为牛奶生命周期的第 i 个排放源；A 为活动水平，涉及产品生命周期中所有资源和能源的量（材料投入和输出、能源使用、运输距离等）；E 为 CO_2 排放因子，是指单位活动水平产生的温室气体，来源于生命周期数据库和工业报告。

牛奶源生产基地位于中国四川省西南部的洪雅县，距成都市约 147km。乳制品加工厂位于成都市郊区的郫都区，距离牛奶源生产基地约 175km。包装好的牛奶产品主要运输到成都市的市中心进行销售，距离乳制品加工厂约 40km。牛奶包装垃圾运送到距离市中心约 30km 的市政垃圾填埋场进行处理。牛奶供应链网络的详细地理位置分布如图 2.2 所示。

2.2.2 数据来源

表 2.1 为原奶生产阶段的完整数据统计列表，是通过与 Hospido 等（2003）对牛奶

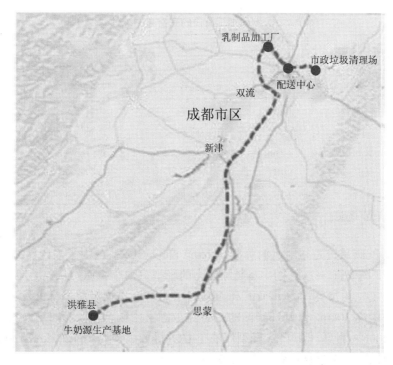

图 2.2 牛奶供应链的地理位置分布情况（译者有修改）

LCA 分析结果的类比得到的。原奶生产的地点是奶牛场，主要消费是饲料、电力和柴油。根据 Hospido 等（2003）对农场饲料和设备消毒剂 CO_2 排放因子的换算，得到相应的 CO_2 排放系数，然后再进行计算。电力排放因子基于国家发展改革委发布的《2014 年中国区域电网基准线排放因子》得到，本书研究采用文件中华中区域电网排放因子。运营边际排放因子为 0.972tCO_2/(mW·h)，建筑边际排放因子为 0.47tCO_2/(mW·h)（NDRC，2014）。经转换，电网排放因子为 0.723kg/(kW·h)。

表 2.1 原奶生产阶段的完整数据统计列表

排放类型	排放源	活动级	CO_2 排放因子	排放因子来源	碳足迹/g
能源	电力	0.047kW·h	0.723kg/(kW·h)	NDRC，2014	34
	柴油	3.68mL	2.73g/mL	IPCC，2006	10
材料	饲料	1290g	0.403g/g	Hospido et al.，2003	522
	消毒剂	1.59mL	1.79g/mL	Hospido et al.，2003	2.85
	水	2.66L	0.009g/L	Field investigation[①]	0.25

注：①表示实际调查结果。

表 2.2 为乳制品加工阶段的完整数据统计列表。在原奶的冷却和预热过程中需要消耗大量的水，同时液体牛奶需要进行预热和杀菌；电力主要用于设备，柴油用于产生灭菌器预热和加热所需的蒸汽（Riera et al.，2013）；箱板纸用于对牛奶进行外包装。

表 2.2　乳制品加工阶段的完整数据统计列表

排放类型	排放源	活动级	CO_2排放因子	排放因子来源	碳足迹/g
能源	柴油	7.07g	2.73g/mL	IPCC，2006	22.8
	电力	0.047kW·h	0.723kg/(kW·h)	NDRC，2014	33.5
材料	箱板纸	16.8g	1.04g/g	DEFRA，2012	17.4
	膜	0.183g	2.85g/g	WRI，2004	0.522
	设备清洁	2.91g	0.649g/g	Field investigation[①]	1.89
	利乐包装	1.01U	0.952g/U	Field investigation[①]	96.1
	水	4.41L	0.094g/L	Field investigation[①]	0.415

注：①表示实际调查结果。

产品运输的碳足迹是利用运输负荷（t·km）乘以 CO_2 排放因子来计算的（Cai et al.，2012）。根据现场调查，工厂采用 2t 装载能力的轻型汽油车将原奶从牧场运输至加工厂，再运到配送中心，距离分别为 175km 和 40km。采用 10t 重型柴油车将包装垃圾运至城市垃圾填埋场，距离 30km。汽油和柴油的 CO_2 排放因子由联合国政府间气候变化专门委员会（IPCC，2006）测量，其中 2t 轻型汽油车 CO_2 排放因子为 164g/(t·km)，10t 重型柴油车 CO_2 排放因子为 84.8g/(t·km)，见表 2.3。

表 2.3　产品运输阶段的完整数据统计列表

运输阶段	运输负荷/（t·km）	CO_2排放因子/［g/(t·km)］	排放因子来源	碳足迹/g
原奶运输	0.175	164	IPCC，2006；Cai et al.，2012	28.7
牛奶配送	0.04	164	IPCC，2006；Cai et al.，2012	6.55
包装垃圾运输	0.03	84.8	IPCC，2006；Cai et al.，2012	2.54

包装废物预处理选择回收利用。铝塑复合材料的分离技术通常具有较低的热值，这些容器不适合焚烧（Xie et al.，2011），因此，垃圾填埋场的处理是最优处置手段（Meneses et al.，2012）。垃圾填埋阶段的碳排放数据类比 Cherubini 等（2009）的卫生垃圾填埋场排放清单，见表 2.4。

表 2.4　包装废物处理阶段的完整数据统计列表

排放类型	排放源	活动级	CO_2排放因子	排放因子来源	碳足迹/g
回收	原煤	9.03g	2.69g/g	IPCC，2006	24.3
	天然气	4.63×10^{-10}m^3	2.09kg/m^3	IPCC，2006	9.68×10^{-10}
	原油	0.00776g	3.07g/g	IPCC，2006	0.0238
	电力	0.0114kW·h	723g/(kW·h)	NDRC，2014	8.24

续表

排放类型	排放源	活动级	CO_2 排放因子	排放因子来源	碳足迹/g
回收	CO_2	15.5g	1.00g/g	DEFRA，2012	15.5
	CH_4	0.0843g	25g/g	DEFRA，2012	2.11
垃圾填埋处理		12g	1.31g/g	Cherubini et al.，2009	15.7

2.2.3　碳足迹评估结果

表 2.5 中列出了与牛奶产品四个阶段相关的碳足迹。结果表明，1L 纯牛奶其整个生命周期的碳足迹为 1120g。其中，第一阶段原奶生产过程产生 843gCO_2，占总碳足迹的 75.27%。第二阶段乳制品加工其碳足迹为 173g，占总碳足迹的 15.45%。第三阶段产品运输的碳足迹为 38g，占总碳足迹的 3.39%。第四阶段包装废物处理的碳足迹为 66g，占总碳足迹的 5.89%。这表明，对碳足迹贡献最大的环节是在原料奶的获取和加工阶段，占整个生命周期碳足迹的 90% 以上。González-García 等（2013）的研究结果也表明，原奶产品产生了最高的碳足迹（80%～90%）。本书研究结果与之一致。本书研究中原奶来自传统奶牛场，该阶段的碳足迹占总量的 75.27%，而在 Honsbido 等（2003）的研究中，农业相关子系统的碳足迹占总碳足迹的 80.32%，与我们的研究结果相似。饲料，特别是混合饲料中成分的比例，对牛奶相关的温室气体排放有显著影响（Castanheira et al.，2010）。根据实地调查，基于低成本考虑，奶牛养殖场中添加了大量的粗饲料。有研究表明，消化这类粗饲料可能会增加甲烷排放（Muñoz and Mattsson，2000；Hatew et al.，2016），调整动物饲料中玉米和粗饲料的比例有助于限制温室气体的排放（Van-Middelaar et al.，2013）。此外，中国农业生产上长期施用过量的氮肥（Ha et al.，2015），土壤中大量多余肥料也会通过反硝化作用释放 N_2O，从而增加温室气体的排放（Rowlings et al.，2013）。因此，在营养价值和环境影响之间建立有效的平衡是确定饲料成分配比需要重点考虑的因素（Dutreuil et al.，2014）。

表 2.5　不同生命周期阶段的碳足迹

	碳足迹/(gCO_2/L)	占比/%
原奶生产	843	75.27
乳制品加工	173	15.45
产品运输	38	3.39
包装废物处理	66	5.89
总计	1120	100

原奶生产环节的碳足迹达到 843g，这是牛奶产品生命周期的主要来源。具体来说，农场饲料（如玉米和青贮饲料）是最大的贡献者（522g），占总碳足迹的 46.61%，占原奶生产环节碳足迹的 62%；奶牛自身的甲烷排放量占第二，碳足迹为 273g，占总碳足迹的 24.38%，占原奶生产环节碳足迹的 33%，如图 2.3 所示。可能由于奶牛具有反刍消化生理行为，原奶生产环节有大量甲烷产生（Wang et al.，2016）。水和消毒剂的碳足迹贡献相对较低（均低于 0.1%，计为 0）。

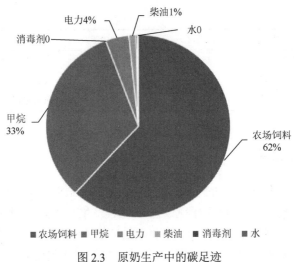

图 2.3　原奶生产中的碳足迹

在乳制品加工阶段，碳足迹为 173g，占总碳足迹的 15.45%。由图 2.4 可知，其中主要排放源为利乐公司，其碳足迹为 96g，占总碳足迹的 8.57%；电力和柴油能源消耗分别为 34g 和 23g，占总碳足迹的 3.04% 和 2.05%。箱板纸生产的碳足迹为 18 克，占总碳足迹的 1.61%。水和膜的碳足迹贡献相对较低（均低于 0.1%，计为 0）。[+]

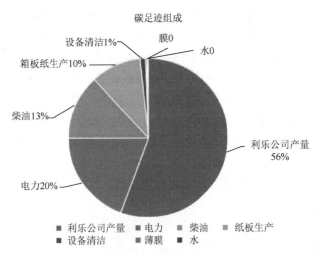

图 2.4　乳制品加工过程中的碳足迹

产品运输分为原奶运输、牛奶配送和包装垃圾运输三个阶段。原奶运输的碳足迹为 29g，占本阶段碳足迹的 76%。如图 2.5 所示，牛奶配送和包装垃圾运输分别占本阶段碳足迹的 17% 和 7%。

包装废物处理阶段的碳足迹为 66g，占总碳足迹的 5.89%。如图 2.6 所示，原煤是主要排放源，其碳足迹为 24g，占本阶段碳足迹的 37%；垃圾填埋的碳足迹为 16g，占

[+] 此处数据译者有修改。

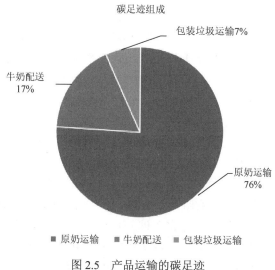

图 2.5　产品运输的碳足迹

本阶段碳足迹的 24%；与 CO_2 和 CH_4 直接排放相关的碳足迹分别为 15g 和 2g，分别占本阶段碳足迹的 24% 和 3%；电力的碳足迹为 8.24g，占本阶段碳足迹的 12%；原油和天然气的消耗量相对较低，对碳足迹的贡献低于 0.05%。在中国，铝塑复合包装材料的最终处置方式往往是填埋。然而，这个过程可能会产生有害且不可降解物质（Woon and Lo，2013）。提高回收率可以显著减轻包装垃圾处理对环境的不利影响，其中，发展铝塑分离的可回收技术是促进包装垃圾回收利用的有效途径。

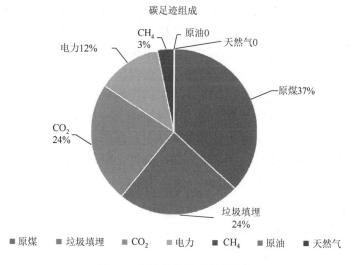

图 2.6　包装废物处理的碳足迹

2.2.4　小结

本节研究提供一个基于牛奶 LCA 框架的简化评估方法来计算纯牛奶产品的碳足迹。

结果表明，碳足迹主要与农场原奶生产有关，这一阶段排放量占总碳足迹的 75.27%，而乳制品加工、产品运输和包装废物处理排放量分别占 15.45%、3.39% 和 5.89%。对于这个方法来说，评估结果可能存在某些不确定性。具体来说，包括：①不同的系统边界划分可能导致碳足迹评估的偏差。本节研究的系统边界已被严格定义，其中只包含与奶产品相关的四个环节，即原奶生产、乳制品加工、产品运输和包装废物处理。然而，原奶生产的上游，如原奶生产中原材料的来源，以及产品运输的下游，如产品的具体使用情况，在系统边界中被忽略。②简化的方法主要侧重于影响评估的库存分析，并通过活动水平乘以排放因子进行量化。然而，活动水平的数据可能难以准确获得，因为这与很多不明确的细节信息有关，从而降低了计算值的精度。③排放因素是影响评估的另一个关键输入。虽然一些排放因素是通过现场调查测量的，但一些因素，如能源（电、柴油）、饲料、消毒剂等，都来自类似的研究，可能存在偏差。尽管存在一定的不确定性，但本书研究尽可能清晰地为消费者提供透明的碳排放信息，鼓励乳制品企业实施减排相关活动。下一节将以碳标签奶制品为例，调查消费者的态度和支付意愿。

2.3 问卷调查

碳标签制度已在许多发达国家相继实施，可能成为全球性的产品标识，并进一步可能成为进出口贸易中的一种新型壁垒。目前，碳标签制度还没有在中国实施。中国标准化研究院于 2008 年将碳足迹评价法引入水泥和 PVC 制造业进行试点。2013 年，国家发展和改革委员会、国家认证认可监督管理委员会联合印发《低碳产品认证管理暂行办法》，建立了统一的低碳产品认证制度，规范和管理低碳产品相关的认证。2018 年，中国质量认证中心、中国电子节能技术协会及国家市场监督管理总局低碳认证技术委员会确定了电器电子行业的碳标签试点。尽管逐步出台了多项鼓励政策与措施，但中国终端消费品仍未引入碳标签，一个可能的重要原因是生产者与消费者的趋利心态大于对环保观念的认知。因此，详细调查消费者对碳标签产品的观念和态度至关重要。为了识别阻碍碳标签制度实施的关键因素，本节旨在通过在中国西南部典型大城市——成都市开展问卷调查，深入探索消费者对碳标签产品的看法、购买意向及支付意愿，进一步预测应用碳标签制度可能带来的后果，如产品溢价，以便提出恰当的政策建议帮助企业采取积极措施，更好地实施碳标签制度。

2.3.1 调查问卷的设计和收集

调查问卷包括三部分，共 27 个问题，调查问卷的详细信息见附录。特别指出，消费者对碳标签产品的认知和购买意愿是通过三部分多重选择的问题来衡量的。其中有 5 个问题与消费者的个人特征有关，以便获取更具体的个人信息。此外，消费者的消费习惯是通过其中一整个量表来测量的，包括 19 个问题。调查问卷选择 Likert 6 级评分法来减少统计偏差，等级为 1~6（Chomeya，2010），包括"完全不同意""极不同意""略微不同意""略微同意""强同意""完全同意"。在问题的设计方面,问题 1～4 考查消费者在日常生活中对低碳行为的认识,如节水节电、垃圾管理等(Bai and Liu, 2013);问题 5～9 衡量消费者对碳标签的接受程度(Weber et al., 2002);问题 10～14 反映消费者对改善环境的努力程度(Webb et al., 2008; Zhao and Zhong, 2015),并衡量消费者感知效力;问题 15～19 评估消费者对碳标签产品的满意度(Lee, 2009),并衡量消费者感知利益。由于碳标签计划尚未在中国实施,调查问卷需要简要介绍由英国碳信托国际有限公司提出的碳标签简介(介绍时长在 3 分钟内),包括其一般性定义和实际意义及其在特定产品中的应用等,如本书调查中的牛奶。同时提供一个简化的牛奶生命周期流,清晰说明原奶生产、乳制品加工、产品运输和包装废物处理四个阶段中的碳排放比例(如 2.2 节所示),以帮助受访者更好地了解标签中的碳信息是如何产生的以及其实际意义。

为了保证调查样本具有代表性,基本覆盖成都市各类人群,本研究选取天府广场作为调查问卷分发地点。天府广场位于成都市中心,是成都市的购物区之一,也是成都市重要的商业中心。天府广场也是成都市的交通枢纽,是成都地铁 1 号线和 2 号线的交会处。天府广场人员流动性强,人口密集。受访者应来自成都的不同地区,因此选择天府广场作为调查问卷分发地点可以更好地代表当地居民的普遍态度,具有良好的代表性。调查中共发放问卷 2500 份,收集问卷 1681 份,回复率为 67.2%。

对收集的问卷进一步筛选,将内容填写不完整的问卷删除,最终保留 1132 份有效问卷。进一步分析时还必须考虑样本同质性的问题。例如,对 1132 份有效问卷进行分析表明,大多数受访者的年龄都在 35 岁以下。其中,受访者中学生的占比最大,达到 51.6%。显然,这些教育背景相似的受访者可能在某些项目上存在相似的认识,这可能会使结果具有不确定性,甚至存在一致的偏见,从而导致调查结果的有偏性。这个问题可以通过选择多样化的受访者来解决。由于调查地点的人口流动性较高,现场随机发放问卷的调查方式很难保证受访者的多样性。为了减少受访者同质性的影响,我们对所有有效问卷进行再次筛选。首先,使用 Excel 随机数生成器来确保随机抽样,每份问卷被分配一个随机数,然后按从高到低的序列排序。为了更好地选择最终的统计样本,我们决定遵循成都的人口统计学特征,以便能够相对平等地调查到不同年龄、收入、性别和其他背景的受访者的观点。例如,接受高中以上教育的受访者的最低样本设置为最终选择样本数量的 25.4%。这种筛选问卷的方法有助于获得受访者对低碳消费更全面的看法,而不是仅仅反映某些特殊群体,特别是一些老年人可能不经常坐地铁,因此错过了我们的调查。但他们在总体人口中所占的比例相当大,他们对这类问题的看法也应该反映在我们的分析中。此外,最终调查的样本数量应该是问题数量的 5～10 倍,以便进行有效的统计分析(Dolnicar et al., 2016)。考虑到以上这些因素,最终从 1132 份问卷中选择了 453 份进行数据分析。

采用 SPSS 19.0 软件进行信度和效度测试。信度,即可靠性或一致性,指调查结果应经得起重复检验,即调查方法能否稳定地获得想要调查的数据。信度高,意味着针对同一事物进行多次调查的结果保持一致,说明该调查方法可靠、稳定。如果信度低,则前后调查结果就会出现不一致的情况,说明该调查方法有问题。克龙巴赫-α 系数是量化信度最常用的检验方法（Inrig et al.，2012）。克龙巴赫-α 系数的范围为 0～1，越接近 1，信度越高。本次研究中克龙巴赫-α 系数为 0.867，高于 0.7 的可接受阈值，表明 19 个衡量个人消费习惯的问题的量表是可靠的。效度指的是调查方法确实能够调查得到其所要调查的内容。效度高，说明调查结果能够很好地反映调查对象的真实特征。效度低，则说明调查方法没有较好地调查得到反映真实特征的数据。效度检验主要通过探索性因子分析来衡量调查量表的结构效度（Ruscio and Roche，2012），其目的是探索调查现象的因子结构，所得的公因子相当于量表所要测量的潜在维度，因子载荷反映量表题项对该维度的贡献，因子载荷越大，说明题项与该维度的关系越密切。效度分析通常用 KMO（Kalser-Meyer-Olkin）检验和 Bartlett（巴特利特）球形检验进行（Izquierdo et al.，2014）。本次研究中 19 个项目的 KMO 值为 0.867，高于标准 KMO 阈值的 0.7；Bartlett 球形检验的水平为 0，表明该问卷的项目适合进行因子分析。

因变量设置为消费者的认知、购买意向和对碳标签产品的支付意愿。首先，为了探索它们的影响，对这 19 个项目进行探索性因子分析。提取主成分并与人口统计学变量相结合，以便将独立的主成分纳入逻辑回归模型。然后，对影响因变量的因素进行回归分析。因子分析是一种从一组变量中提取共同因子的统计方法（Frazier et al.，2013）。本次研究中调查消费习惯的因子分别定义为 $x_1, x_2, \cdots, x_{19}$，因子模型可以表示为

$$x_i = a_{i1}f_1 + a_{i2}f_2 + \cdots + a_{im}f_m + u_i \tag{2.4}$$

式中，$f_1, f_2, \cdots, f_m$ 为调查项目的公共因子；u_i 为特殊因子（即残差项）；$a_{i1}, a_{i2}, \cdots, a_{im}$ 为因子负荷。

通过因子分析，可以将观测变量的信息转化为公共因子值 $f_1, f_2, \cdots, f_m$。随后，采用这些因素来代替原始的观测变量，从而进行逻辑回归分析。

当模型的因变量为非连续二元或多变量时，传统的回归分析不适用。而 Logistic 回归分析擅长处理二元（或多元）相关变量的回归性问题（Ozdemir and Altural，2013）。因此 $\ln \dfrac{E(y)}{1-E(y)}$ 变成了 $x_1, x_2, \cdots, x_k$ 的线性函数，其逻辑回归模拟方程如下：

$$\ln \frac{p}{1-p} = \beta_0 + \sum_{i=1}^{m} \beta_i f_i \tag{2.5}$$

式中，f_i 为因子的值，m 为因子数，β_0 为待估计的回归系数，β_i 为第 i 项待估计的回归系数，p 为因变量 y 等于 1 时的概率。

2.3.2　描述性统计分析结果

表 2.6 给出了关于消费者对碳标签产品的认知、购买意向和支付意愿的描述性统计结果。在对碳标签产品的认知方面，78.1% 的受访者表示从未听说过碳标签，这也证实了碳标签产品尚未在中国得到推广的事实。在购买意向方面，70.9% 的受访者会考虑购买碳标签牛奶，83.7% 的受访者甚至可以接受 0.6 元以下的溢价。这些研究表明，尽管这些受访

者对碳标签产品的总体认知较低，但如果这些产品出现在市场上，他们中的大多数人愿意支付额外的价格购买它们。

表 2.6　描述性统计

项目	问题	选择	样本数	比例/%
认知	你听说过带有碳标签的产品吗？	没有	354	78.1
		有	99	21.9
购买意向	你会买带有碳标签的牛奶吗？	不会	132	29.1
		会	321	70.9
支付意愿	你愿意支付的额外金额是多少？（假设牛奶的原价是 3.00 元/盒）	不愿意额外支付	82	18.1
		0.03~0.32 元	164	36.2
		0.33~0.62 元	133	29.4
		0.63~0.92 元	38	8.4
		0.93~1.2 元	36	7.9

对 19 个问题项目进行因子分析。结果显示，提取 4 个主成分后的累积方差为 56.64%，其中问题 X1~X4、X5~X9、X10~X14、X15~X19 分别与因子 f_1~f_4 的对应关系见表 2.7。

表 2.7　19 个问题项目的因子分析成分矩阵

问题	成分			
	f_1	f_2	f_3	f_4
X5	0.824			
X6	0.789			
X7	0.772			
X8	0.723			
X9	0.629			
X15		0.740		
X16		0.710		
X17		0.700		
X18		0.654		
X19		0.615		
X10			0.774	
X11			0.731	
X12			0.699	
X13			0.593	
X14			0.560	
X1				0.698
X2				0.672
X3				0.671
X4				0.415

2.3.3　回归分析结果

分三个阶段进行逻辑回归分析。第一阶段主要关注消费者对碳标签产品的认知，设置为二元因变量。消费者的低碳意识（X1～X4）、风险态度（X5～X9）、感知效力（X10～X14）、感知利益（X15～X19）四个重要因素以及人口统计学变量，被视为逻辑回归模型的自变量：

（1）低碳意识；

（2）风险态度；

（3）感知效力；

（4）感知利益；

（5）人口统计学变量。

表 2.8 显示，只有风险态度对碳标签产品的认知有显著影响。其他因素，如人口统计学变量，对碳标签产品的认知没有显著影响。这一发现与 Weber 等（2002）的研究结果一致，他们通过使用 5 种心理量表（财务决策、健康安全、休闲、伦理和社会决策）对认知进行了评估。因此，消费者风险态度可能会使人们对碳标签产品的认知产生重大影响。间接地表明，那些更愿意在日常生活中尝试新事物和新品牌的人，更有可能留意带有碳标签的产品。

表 2.8　消费者对碳标签产品感知的逻辑回归分析

项目	系数	标准误差	Wald	df	Sig.	Exp（B）
风险态度	0.720***	0.149	23.243	1	0.000	2.055
感知利益	0.047	0.127	0.134	1	0.714	1.048
感知效力	0.014	0.122	0.013	1	0.908	1.014
低碳意识	−0.099	0.114	0.750	1	0.387	0.906
性别	−0.074	0.251	0.088	1	0.767	0.928
年龄	−0.063	0.145	0.188	1	0.664	0.939
受教育水平	0.025	0.180	0.019	1	0.889	1.025
职业	0.042	0.088	0.222	1	0.638	1.042
收入	−0.150	0.104	2.066	1	0.151	0.861
常数	−0.967	0.735	1.731	1	0.188	0.380

注：卡方 = 31.134；df = 9；显著性水平 = 0.000；Nagelkerke R^2 = 0.102；分类预测值为 78.6%；***表示显著性水平 p = 0.01。[+]

第二阶段逻辑回归分析的重点是探讨影响消费者对碳标签产品支付意愿的主要因素。换句话说，消费者购买碳标签产品的意向被设置为二元因变量。将四个重要因素、人口统计学变量和对碳标签产品的认知程度设为自变量，具体如下：

（1）低碳意识；

[+] 此处译者有修改。

（2）风险态度；

（3）感知利益；

（4）感知效力；

（5）人口统计学变量；

（6）对碳标签产品的认知程度。

从表 2.9 所示的回归系数和显著性水平可以明显看出，受教育水平、年龄、低碳意识、感知利益和感知效力五个因素显著影响了消费者购买碳标签产品的意向，其中感知利益和低碳意识是最关键的因素。这些发现与 Maniatis（2016）的结论相似，他得出结论，对环境的感知利益、经济效益、绿色可靠性和产品的绿色外观这四个因素决定了消费者购买绿色产品的意向，消费者的受教育水平、年龄和感知效力是其次重要的因素。消费者受教育水平越高，越年轻，就越愿意购买带有碳标签的产品。Shuai 等（2014a）也发现了类似的结果。

表 2.9　消费者购买碳标签产品意向的逻辑回归分析

项目	系数	标准误差	Wald	df	Sig.	Exp（B）
风险态度	−0.012	0.122	0.010	1	0.919	0.988
感知利益	0.626***	0.115	29.427	1	0.000	1.871
感知效力	0.193*	0.113	2.940	1	0.086	1.213
低碳意识	0.402***	0.111	13.169	1	0.000	1.494
对碳标记产品的感知	0.209	0.282	0.548	1	0.459	1.233
性别	0.158	0.238	0.442	1	0.506	1.172
年龄	−0.229*	0.137	2.796	1	0.094	0.795
受教育水平	0.417**	0.166	6.324	1	0.012	1.518
职业	−0.002	0.084	0.001	1	0.978	0.998
收入	0.001	0.098	0.000	1	0.993	1.001

注：卡方 = 58.840；df = 10；显著性水平 = 0.000；Nagelkerke R^2 = 0.174；分类预测值为 70.9%；*表示显著性水平 $p < 0.1$；**表示显著性水平 $p = 0.05$；***表示显著性水平 $p = 0.01$。

第三个阶段涉及选择那些打算购买碳标签产品的消费者。为了解消费者愿意为碳标签牛奶支付的费用水平，我们进一步采用四个重要因素、人口统计学因素和对碳标签产品的认知程度作为自变量，具体如下：

（1）低碳意识；

（2）风险态度；

（3）感知利益；

（4）感知效力；

（5）人口统计学变量；

（6）对碳标签产品的认知程度。

支付意愿可以用溢价的程度来表示，因此定义了 5 个溢价水平，并以此作为因变量。当输入所有变量后，平行测试模型无法运行，在剔除了所有不重要的变量后，模型得以正常运行。平行线检验的 p 值为 0.09，大于 0.05，表示所有回归方程都相互平行。换句话说，自变量的回归系数与临界点无关，满足进行有序逻辑回归的先决条件（Tehrani and Ahrens，2016）。

表 2.10 显示了消费者对碳标签产品支付意愿的结果。其中消费者感知效力对支付意愿的影响最为显著，其次是风险态度。相应的回归系数为正，说明那些认为购买碳标签产品可以改善现有环境条件的消费者更愿意在此类产品上花钱。在人口统计学变量方面，职业和收入水平对一个人支付碳标签产品的意愿有显著影响。在职业方面，学生对支付碳标签产品的意愿最强，而自由职业者最弱。在收入水平上，只有月收入低于 1500 元的分组才达到统计学意义，这可能是因为牛奶是一种需求弹性较弱的商品。消费者（尤其是那些收入相对较高的消费者）通常对价格波动不太敏感（Mostafa，2016）。

表 2.10　消费者对碳标签产品的支付意愿的序数回归分析

项目	系数	标准误差	Wald	df	Sig.
风险态度	0.129**	0.065	3.892	1	0.049
感知利益	0.026	0.067	0.146	1	0.702
感知效力	0.177***	0.069	6.615	1	0.01
低碳意识	−0.037	0.070	0.277	1	0.599
职业 1：学生	0.973	1.129	0.742	1	0.389
职业 2：自由职业者	0.579	1.146	0.256	1	0.613
职业 3：老师、医生、科学家等职业	0.767	1.164	0.434	1	0.510
职业 4：公务员或公职人员	0.918	1.175	0.610	1	0.435
职业 5：公司职员	0.622	1.152	0.291	1	0.589
职业 6：退休人员	0[a]	−	−	0	−
收入 1：<1500 元	−0.783***	0.295	7.040	1	0.008
收入 2：1500～3000 元	−0.213	0.226	0.889	1	0.346
收入 3：3001～4500 元	−0.287	0.229	1.573	1	0.210
收入 4：4501～6000 元	0.175	0.254	0.476	1	0.490
收入 5：>6000 元	0[a]	−	−	0	−

注：联合函数：辅助对数-对数；**表示显著性水平 $p = 0.05$；***表示显著性水平 $p = 0.01$；a 参数为冗余参数，设置为 0。[+]

2.3.4　小结

碳标签是对产品碳足迹的定量表达，通过碳标签可以让消费者知晓某种产品的碳信息，从而选择低碳产品（Edwards-Jones et al.，2009）。有了碳标签系统，碳排放源可以更

+ 此处译者有修改。

加透明，从而引导公共消费行为的变化（Wu et al.，2014），有助于促进低碳产品的推行（Li and Colombier，2009）。然而，该制度在中国尚未实施（Liu et al.，2016），这就是在这项调查中成都的消费者对碳标签产品的认知普遍较低的原因。

本节研究结果表明，消费者的感知利益对购买意愿有显著影响，其次是受教育水平和低碳意识，风险态度、感知效力、职业和收入水平也是重要的影响因素。这些结果表明，具有较好受教育水平和低碳意识的消费者可能是购买碳标签产品的主要群体。因此，影响这些消费者可能是至关重要的，他们可以通过分享其购买体验来与其他消费者形成广泛而复杂的消费行为互动。

2.4　购买决策实验

在自由市场中，人们的购买意向受多种因素的影响，如外部刺激（标签信息和价格信息等）、社会人口统计学因素（性别和年龄等）和心理因素等（Trope and Liberman，2010；Hernandez-Ortega，2011）。为了解消费者对实施碳标签制度的态度，选择大多数消费者都熟悉其属性和价格的产品（Echeverria et al.，2014）。社会人口统计学因素，包括年龄、受教育水平和低碳意识等，在消费者的购买意向和碳标签产品支付意愿方面起实质性作用（Grunert et al.，2014；Shuai et al.，2014b）。大学生有敏锐的环境意识，他们更愿意接受新的事物，并倾向于参与可持续消费（Emanuel and Adams，2011），他们是未来低碳消费者的主要群体，有助于环保消费行为的社会化传播（Shuai et al.，2014b）。

本节将同质性原则应用于实验设计，同质性原则即人们更喜欢与跟自己相似的人互动（Triandis，1989）。本书以大学生为同质性群体，调查他们对碳标签产品的购买意向和支付意愿，将大学生这一人口统计数据作为一个潜在的消费者群体，观察他们是否有类似的偏好，从而加深对低碳消费行为的理解。大学生普遍对液体牛奶属性比较熟悉，如营养成分和味道（Zhao and Zhong，2015），本书只关注液体牛奶（以下简称牛奶）。实验设计上，首先通过专题小组讨论，大致确定可能影响消费者购买意向的属性。然后设计一个拍卖实验，以便在专题小组讨论中确定属性的具体影响。进一步进行现场消费实验，验证拍卖实验结果，并在可接受的溢价范围内确定学生的支付意愿。

社会科学中最青睐的数据收集方法是结构化或半结构化访谈和问卷调查。现有的与碳标签相关的研究也大量采用类似方法从受访者那里获取必要的信息（详见 2.5 小节）。这种方法相当有用，但仍存在诸多缺点，例如，调查过程可能产生较高的时间和金钱成本、调查群体的偏颇、调查结果的时延，甚至可能偏离实际发生的人类行为。这些调查采样的问题可能会大大降低结果的效度和可靠性（Khushaba et al.，2013）。因此，本书研究采用动机实验，并进行拍卖实验和消费实验等行为实验，以检验中国一所大学学生对碳标签食品的购买意向和支付意愿。

本书的实验设计能够充分捕捉到实际发生的消费行为，有望丰富我们对大学生碳标签相关行为的研究，并对现有科学理论提供有价值的补充和参考。此外，本书研究结果也有利于发展碳标签产品市场，鼓励更多居民参与低碳消费，促进食品行业的可持续发展，为中国建立碳标签制度提供有效的政策建议。

2.4.1　实验设计

以牛奶为例,首先通过专题小组访谈确定影响消费者购买意向的属性。牛奶作为一种日常消费品,是绝大多数消费者经济上可以负担得起的。消费者们也很熟悉其食品属性,如营养成分和味道(Zhao and Zhong,2015)。然后基于影响变量属性开展拍卖实验,根据拍卖结果确定影响购买意向的核心属性。最后,利用现场消费实验进一步验证拍卖结果,并根据可接受的产品费用范围确定消费者的支付意愿。图 2.7 展示了本节研究的路线图。

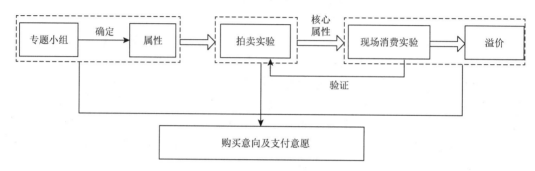

图 2.7　实验设计

实验小组包括来自中国成都一所大学的 282 名学生,他们在 2015 年和 2016 年两个学年选择了"环境保护与可持续发展"课程。这些学生对该门课程很感兴趣,并表现出了相对较强的环保意识。在一定程度上,他们是低碳消费的先驱,可以与其他消费者互动,增强公众的低碳意识。该课程模块将学生分为四个实验班(按课程编号排序),采用单一属性完全随机化的方法选择实验班,详见表 2.11。从最小随机数编号的实验班开始,选择 24 名学生组成 4 个专题小组,每组 6 名学生,进行半结构式采访。开放式的采访问题是预先确定好的(表 2.12),主持人可在短时间内提取必要的信息(Bryman,2017)。主持人在一小时的研讨会上主持整个现场,并向被调查者提出有关碳标签产品的问题,以供他们进行讨论。随后,讨论结果作为牛奶拍卖的变量属性。

表 2.11　实验班的抽样结果

课程编号	班级规模	随机数
B2131	67	0.606
B2132	88	0.896
B2133	60	0.976
B3709	67	0.062

最大随机编号班级(课程编号:B2133)的学生被设置为竞标者,实验开始时他们是完全自愿的。在进行实验之前,要告知实验的基本要求,包括研究目标、持续时间、实

验程序和伦理。最终，有 10 名学生因为个人原因退出了拍卖实验，最终有 50 名参与者，参与者被随机分为三组（编号分别为 1～3）。

表 2.12　专题小组的问题设计

编号	问题
1	你听说过碳标签吗？
2	你认为碳标签的有效性如何？
3	你会买牛奶作为日常消费吗？
4	你为什么选择购买牛奶？
5	在购买牛奶时，你会考虑什么呢？
6	你会选择购买带有碳标签的牛奶吗？
7	你为什么要选择购买带有碳标签的牛奶呢？
8	你关心所购牛奶的标签信息吗？
9	你认为带有碳标签的牛奶会更贵吗？
10	如果碳标签牛奶的价格高于非碳标签牛奶，你会购买碳标签牛奶吗？
11	如果是这样，你会接受多大程度上的溢价呢？

拍卖实验考虑了在专题小组讨论中确定的四个关键变量：包装、味道、营养成分和碳标签信息。拍卖的产品包括碳标签和非碳标签的 250mL 盒装纯牛奶、243mL 盒装巧克力牛奶、250mL 盒装高钙低脂牛奶和 240mL 袋装纯牛奶。标签上的碳排放信息来源于 Zhao 等（2012，2018b）的研究结果。

如前所述，50 名学生作为竞标者（消费者），由老师担任拍卖师。竞标价格范围是预先确定的，以牛奶的市场价格为价格平均值，并分别设定了高于平均值和低于平均值的五个价格水平。每一种牛奶产品都经历了十轮竞标，在每一轮拍卖中，价格上涨 0.1 元。每次拍卖人提出一个报价，出价者都有 7s 的时间来决定是否出价，如果他们愿意出价，就可以举手表决。为了减轻他人对个人决策的干扰，所有参与者都被要求同时做出回应。在这种情况下，每个被调查者没有足够的时间与他人互动，因此实验可以有效控制互动的影响。如果竞标者没有参加某一轮竞标，其可以参加其他一轮竞标。当竞标价格达到预定的上限价格时，即宣布拍卖完成。多轮拍卖可能会产生关联效应，换句话说，在多轮拍卖中，如果一些竞标者发现其他人出价过高，他们就会跟随其他买家来推高价格，最终的价格可能会偏离产品的实际价值。因此，本书研究仅采用一轮拍卖的方式。

本书研究通过现场消费实验验证拍卖实验结果，探讨碳标签牛奶和非碳标签牛奶的价差对大学生消费行为的影响。在学校里租一家小商店，出售三种相同品牌的奶制品，它们在价格、包装和口味上都有所不同。碳标签和非碳标签的产品都被销售出去了。实验选择 6 种奶制品样品，分别标记为 A、a、B、b、C、c，如图 2.8 所示。由于中国没有碳标签方案，所以在牛奶包装上标注了一个自行设计的碳标签，如图 2.9 所示。碳标签最初由英国碳信托国际有限公司于 2006 年提出，并以数值的形式呈现，该数值反映了基于生命周期的碳排放评估对特定产品或服务的公共减排承诺的影响（Zhao et al.，2012；Liu et al.，2016）。我们自己设计的碳标签为"CO_2"形状，具体来说，"O"被一片叶子所取代，这意味着低碳、环境友好、自然和健康；碳标签右上角的数据显示了产品生命周期的碳排放。由于实验牛奶整个生命周期的时间和成本的限制，这项研究估计其碳标签产品的排放量约为200g（Corrigan and Rousu，2006）。

图 2.8　实验用奶制品

图 2.9　自行设计的碳标签

　　这次现场消费实验的目标小组包括 4 个实验班的 282 名学生中，除去已参加过专题讨论和拍卖的 74 名学生，共计 208 名学生参加专题小组的讨论和拍卖实验。其中有 16 名学生不愿加入，其余 192 名学生最终参与了现场消费实验。实验中的每名学生都会收到一张专属消费券，他们可以使用这张优惠券购买一种奶制品。在学生购买奶制品后，收集他们的优惠券，并记录其购买的奶制品类型。

　　消费实验连续进行三个销售期，一个销售期为一周。本节研究基于之前对碳标签牛奶溢价的研究，设计了三个溢价水平，见表 2.13（Zhao and Zhong，2015）。

表 2.13　不同销售期内的溢价

时期	溢价/(元/个)
1	0
2	0.1
3	0.2

2.4.2　实验结果

首先使用描述性统计数据分析拍卖实验中收集的数据，然后在 SPSS 19.0 软件中进行独立样本 t 检验，以调查碳标签是否以及如何影响竞标者。对实验数据进行偏相关分析，以确定每个控制变量与竞标者占比之间的相关性。图 2.10 显示了四种碳标签和非碳标签奶制品的竞标者占比的变化。在相同的拍卖价格下，碳标签牛奶的竞标者比例通常高于非碳标签牛奶的比例。随着价格的上涨，竞标者对碳标签和非碳标签的竞标占比均下降，这是情理之中的。图 2.10 还显示出在大多数情况下，相同的拍卖价格的碳标签牛奶和非碳标签牛奶的竞标者占比差异具有统计学意义。表 2.14 显示出不同变量与竞标者占比之间的相关性。

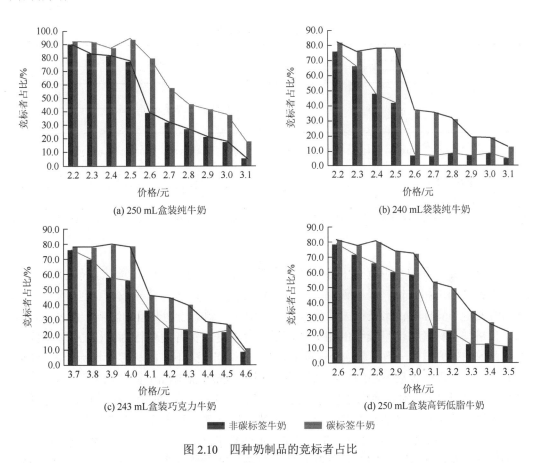

图 2.10　四种奶制品的竞标者占比

表 2.14　不同变量与竞标者占比之间的相关性

变量	偏相关系数
价格	−0.876
味道	0.867

续表

变量	偏相关系数
营养成分	0.684
包装	−0.592
碳标签	0.513

表 2.15 列出了碳标签和非碳标签牛奶的竞标者占比的测试结果。它们的差异是一致的,这意味着它能够进行平均比较。其平均值的差异为 0.15983,表明碳标签牛奶的平均占比比非碳标签牛奶的平均占比略高。这表明,碳标签方案对大学生的投标行为有一定的积极影响。

表 2.15　独立样本试验

项目		方差方程的 Levene 检验		方差方程的 t 检验					差异置信水平	
		F	Sig.	t	df	Sig.(Bilateral)	平均差异	校准误差	下限	上限
竞标者占比	假设:方差相等	0.655	0.419*	−4.306	238	0.000**	−0.15983	0.03712	−0.23295	−0.08671
	假设:方差不相等			−4.306	237.046	0.000**	−0.15983	0.03712	−0.23296	−0.08671

注:*表示在 95%的置信水平上,若支持原假设,则方差是相等的;**表示在 95%置信水平下,若拒绝原假设,则均值存在显著差异。

本节研究了专题小组调查中各属性对大学生竞标行为的影响,分析了特定属性与竞标者占比之间的相关性。采用偏相关分析分别对价格、口味、营养成分、包装和碳标签等随机变量与竞标者占比进行关联分析,有效消除了剩余控制变量的影响。由表 2.14 可知,价格与竞标者占比呈较强的相关性,说明价格是消费者消费行为的核心影响因素,这与此前的研究结论一致(Chekima et al.,2016)。相比之下,碳标签对竞标者占比影响轻微。显然,消费者最关心的是产品的基本属性(Zhao and Zhong,2015)。只有当产品属性满足其消费需求时,他们才会考虑其他信息,如碳标签(Hartikainen et al.,2014)。

牛奶价格与竞标者的数量呈负相关,牛奶价格上涨会导致竞标者数量下降。在牛奶包装方面也有类似的趋势。Tam 等(2016)也证实了这一结果,即方便的包装为大学生在购买食品时的重要考虑因素,食品包装越复杂,购买的学生就越少。相比之下,碳标签、味道和营养成分与竞标者的数量呈正相关。添加碳标签、提升牛奶口味的多样性和营养价值可增加竞标者的数量。

表 2.16 显示三个销售阶段碳标签和非碳标签牛奶的销量。三种牛奶在第一周没有价格差异,84.6%的有效参与者选择购买碳标签牛奶,其余的参与者选择购买非碳

标签牛奶。表明价格相同时，大学生们更倾向于购买带有碳标签的牛奶。第二周溢价为 0.1 元，78.9%的有效参与者选择购买碳标签牛奶，其余的参与者选择购买非碳标签牛奶。第三周的溢价为 0.2 元，56%的有效参与者选择购买碳标签牛奶，其余的参与者选择购买非碳标签牛奶，碳标签牛奶的购买比例与非碳标签牛奶的购买比例没有显著差异，这表明由于溢价，大学生的支付意愿显著下降。另外，1 组或 2 组的牛奶在每个时期的销量都大于 3 组的牛奶，说明大学生倾向于以相同的溢价来购买盒装牛奶。

表 2.16　现场消费试验中不同类型牛奶的销量　　　　　　　　（单位：盒）

时间	1组			2组			3组		
	A（碳标签）	a（非碳标签）	共计	B（碳标签）	b（非碳标签）	共计	C（碳标签）	c（非碳标签）	共计
第一周	30	8	38	28	4	32	19	2	21
第二周	21	7	28	22	5	27	17	4	21
第三周	5	4	9	6	4	10	3	3	6

从图 2.11 可以看出，随着牛奶溢价增加，碳标签和非碳标签牛奶的销量均逐渐下降，碳标签牛奶的销量比非碳标签牛奶下降得更明显。相比之下，非碳标签牛奶的销量在第二周略有增加，在第三周有所下降。碳标签牛奶在第一周和第二周的销量远远高于非碳标签牛奶。

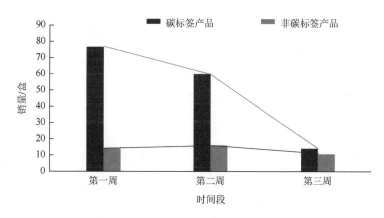

图 2.11　碳标签牛奶和非碳标签牛奶销量的变化

此外，在第三周，碳标签牛奶和非碳标签牛奶的销量均出现了显著的下降，碳标签牛奶下降幅度略高于非碳标签牛奶。结果表明，一旦实验中的牛奶被贴上碳标签，0.1 元的溢价普遍可以接受，溢价偏差为 3.2%。这一现象可以用 Lombardi 等（2017）的结论来解释，他认为大学生被认为是没有独立收入来源的理性消费者。由于牛奶是日常必需品，学生们了解它的属性，也了解其平均零售价格和可能的价格波动。如果学生们认为这样的溢价远远超过了他们的预期支付，他们就不愿意购买带有碳标签的牛奶，尽管他们通常有很高的教育水平和低碳意识。

2.4.3　小结

本节研究依次进行了专题小组讨论、拍卖实验和现场消费实验，以确定影响碳标签牛奶产品购买行为的因素。专题小组讨论结果显示碳标签牛奶的销量主要受价格、口味、包装和营养价值的影响。拍卖实验和现场消费实验进一步表明，价格是影响消费者购买碳标签牛奶意向的主要因素。如果消费者觉得溢价过高，他们就不愿意购买（Lin and Huang，2012；Moser，2015）。特别是没有独立经济能力的大学生，他们在选择碳标签产品时更容易受到溢价的影响（Lam，2014；Echeverría et al.，2014）。通过现场消费实验可以得到消费者对碳标签产品溢价水平的可接受程度（如可接受的最大价格差异）。当溢价为 0.1 元时，仍有许多学生选择购买碳标签牛奶。这一结果表明，大多数消费者对特定范围内的溢价不敏感。Echeverria 等（2014）得出了类似的结论，智利消费者愿意为牛奶的平均价格多支付 29%，为面包多支付 10%。当溢价从 0.1 元增加到 0.2 元时，碳标签牛奶销售明显下降，说明过多溢价可能导致购买意向的变化。

我们注意到，在现场消费实验期间，一些学生和他们的室友或同学相约到商店，就购买实验牛奶产品进行交流。由此可见，同伴的意见可能会影响个人消费者对产品效用的看法，甚至导致消费者偏好的变化（Lindsey-Mullikin and Munger，2011；Henderson and Beck，2011）。此外，同伴之间分享购买经验，积极的评价将促进他人对购买碳标签牛奶的意向（Hart and Dale，2014）。相比之下，同伴们对产品的负面评论会在一定程度上抑制消费者的购买意向（Borges et al.，2010）。

我们还发现，在现场消费实验中，有几名学生在面对实验牛奶时，向我们了解奶制品碳标签方案的意义。类似的现象也揭示了 Upham 等（2011）和 Zhao 等（2012）发现的问题，目前的碳标签方案让消费者难以想象一件产品的 CO_2 排放所带来的环境影响究竟有多大。在这种情况下，在当前碳标签系统中增加更加易于识别的信息，可加强环境效益沟通。

2.5　系统动力学模型

现有的基于统计分析的研究大多属于经验分析，不能定量揭示消费者意愿的影响因素。本节提出一种系统动力学方法，可以更好地了解消费者对碳标签产品的认知。通过直观地展示消费者数量的变化，调查影响消费者购买行为的关键影响因素（如环境态度、环境意识、消费者感知效力等），从而验证先前研究的结果。本节还提出两种案例场景来演示该方法的具体应用，模拟消费者对碳标签牛奶、非碳标签牛奶以及不同脂肪含量的碳标签牛奶的偏好。

根据消费者购买过程中的五阶段模式，将消费者分为潜在消费者、普通消费者和忠诚消费者（Mowen and Minor，2001）。研究假设潜在消费者在初始阶段可能没有购买碳标签产品的意向，而忠诚消费者则重复购买（至少两次）。除以上两类外的其他消费者被视为普通消费者。基本上，消费者主要受外部刺激（如价格、促销等）的影响，是否购买以及如何购买由个人特质（如社会人口统计学因素、环境态度、环境意识、环境知识、感知风险等）决定（Kotler and Armstrong，2010）。

普遍认为，价格是影响消费者对绿色产品偏好的关键因素（Rezai et al.，2011）。更好的原材料通常会有更高的成本，因此绿色产品的销售价格通常比传统产品更高（Ling，2013）。此外，由于消费者感受到绿色产品的质量更好，他们也愿意购买价格略高的环保标签产品（D'Souza et al.，2006；Barnard and Mitra，2010），这已由 Hassan 和 Nor（2013）的研究所证实。他们根据对无铅电子产品购买意向的调查证实，消费者愿意为绿色产品支付更高的费用。对于任何可能以高价销售的新产品，广告是必要的，例如，马来西亚消费者在购买电子产品时主要以电视和报纸为信息渠道（Pillai and Meghrajani，2013）。

环保产品的消费行为与社会人口统计学因素（如性别、受教育程度等）相关，特别是与教育背景密切相关（Bonti-Ankomah and Yiridoe 2006；Makower and Pike，2009）。例如，在葡萄牙进行的一项调查显示，大多数环保主义人士年龄为 25~34 岁或 45~54 岁，他们大多数受过良好教育，收入较高（DoPaco et al.，2009）。Meyer 和 Liebe（2010）进一步证实，高收入群体更愿意购买环保产品。性别在人们对绿色消费的态度影响中并没有起到关键作用（Chen and Chai，2010；Pillai and Meghrajani，2013）。然而，Noor 等（2012）认为，根据马来西亚大型超市的一项调查，女性消费者可能更喜欢绿色产品，而家庭收入对绿色产品消费行为的影响最小。Fisher 等（2012）进一步建议，应在特定的情况下描述消费者的行为，以检查社会人口统计学数据的可用性。

环境态度定义为"人们在对自然环境进行某种程度的信仰判断中所表现出来的心理倾向（正面或负面，赞成或反对等）"（Milfont and Duckitt，2010）。Milfont（2007）指出，环境态度与感知到的环境威胁有关，这可能会影响其环境行为。对于个体的环境行为，环境态度是主要的解释变量。任何环境态度的改变都可能对其环境行为产生影响（Steg and Vlek，2009）。Chen 和 Chai（2010）将环境态度分为环境保护、政府角色和个人规范三个维度。其中，政府角色和个人规范直接影响着消费者对绿色产品的态度。他们通过对调查数据的多元线性回归分析，确定个人规范或道德义务是主要的影响因素，而环境保护的影响程度最小。然而，Gadenne 和 Oglethorpe（2011）研究表明，具有积极环境态度的消费者更容易有回收、节能等环保行动，并以高度实惠的价格购买绿色产品。Birgelen 等（2009）和 Dono 等（2010）也得到了类似的研究结论，他们证实了积极的环境态度将激发环境友好的行为。

环境意识是指对环境的认识，通过自然保护和环境保护的方式发挥作用，从而保持对地球的影响最小（Mainieri et al.，1997）。Arslan 等（2012）应用结构方程模型研究了具有环境意识的大学生的购买行为。研究结果表明，环境意识消费会受环境态度和绿色产品的显著影响。另一项研究调查了环境意识、产品属性认知和对产品的态度对购买意向的影响（Assarut and Srisuphaolarn，2012）。结果表明，个体的环境意识可通过对绿色产品的认知间接影响其购买意向。认知到的产品属性直接作用于购买意向。这样，绿色产品的推广不仅要考虑到产品的整体属性，还要与潜在消费者建立有效的沟通。

　　环境知识包含生态环境的一般知识，例如事实、概念、自然环境和主要生态系统的关系等（Fryxell and Lo，2003）。Peattie（2010）认为，环境知识是推动绿色消费的关键因素；而 Bartiaux（2008）认为环境知识和环境友好行动之间没有因果关系或相互影响关系，或者至少它们之间的关系不明确（Zsoka，2008）。Tan（2011）进一步指出，环境知识、认知到的环境威胁和消费者感知效力对绿色购买行为有积极影响，而环境态度可作为调节变量。

　　感知风险主要有两个组成部分，即关注发生或不确定性的"机会"和"危险"，即负面后果（Mitchell，1999；Campbell and Goodstein，2001）。因此，任何与不确定性或负面后果相关的因素都可能导致消费者的感知风险，包括个人特征、经验、知识、信任等（Lobb et al.，2006）。对于大多数风险来说，任何轻微增加的感知风险都可能导致对消费者的购买行为产生负面影响（Tonsor et al.，2009）。此外，感知风险在溢价中也起着关键作用。例如，一项关于消费者对具有重复使用或回收性质的产品的使用偏好的调查表明，较高的感知风险导致消费者更愿意选择新产品（Essoussi and Linton，2010）。

　　消费者感知效力是 Kinnear 等（1974）提出的概念，指的是个人相信其能为减轻环境影响所作的努力。例如，Joonas（2008）指出，与消费者的收入相比，消费者感知效力可以理解为绿色消费的驱动力。Webb 等（2008）发现，消费者感知效力与消费者的社会责任高度相关。对于有环保意识的消费者来说，他们可能会受企业社会责任的影响。在环保领域创新技术的驱动下，社会生产活动的规范和规则会越来越严格，人们倾向于采取更环保的行为方式（Ozaki，2011）。

　　根据上述分析，本节研究选择以下因素建立模型，即感知风险、受教育水平、广告、价格、收入、环境意识、环境态度、环境知识、消费者感知效力、社会环境责任、个人价值、产品碳排放、碳标签接受程度。

2.5.1　模型公式

　　系统动力学是一种结合定量和定性分析的综合方法，能解释一个复杂系统的变化（Sumari et al.，2013）。自 Forrester 教授 1956 年提出系统动力学以来，其被广泛应用于各个领域，如公共政策制定（Ghaffarzadegan et al.，2011）、供应链管理（Vlachos et al.，2007）、环境保护（Mukherjee et al.，2013；Manasakunkit and Chinda，2013）等。在本书研究中，系统动力学被应用于模拟消费者对碳标签产品的认知。针对三个类别的消费者，本书建立两个情景来模拟其购买行为的变化。

　　情景 1：模拟消费者对碳标签牛奶和非碳标签牛奶的反应（根据数量变化），其中两种牛奶价格不同，如图 2.12 所示。

　　情景 2：模拟消费者对一系列类似产品的反应（根据数量变化），如碳标签牛奶，即不同脂肪含量和碳排放的牛奶、全脂牛奶、半脱脂牛奶和脱脂牛奶，如图 2.13 所示。

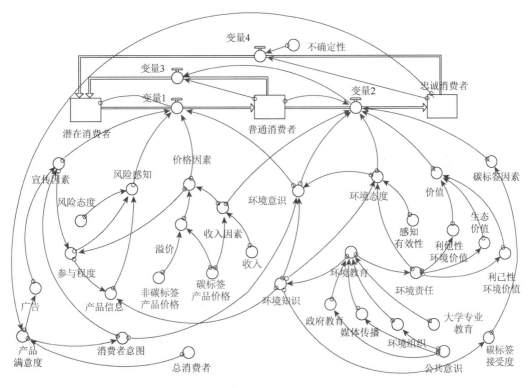

图 2.12　情景 1 的系统动力学模型

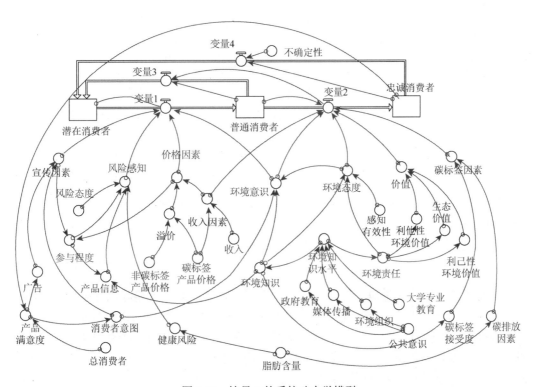

图 2.13　情景 2 的系统动力学模型

为了模拟消费者购买决策的变化，我们将三个类别消费者数量的变化作为系统动力学模型的模拟指标。变量 1、变量 2、变量 3 和变量 4 分别表示给定时间段内不同类别消费者的数量变化，即从潜在消费者到普通消费者、普通消费者到忠诚消费者、普通消费者到潜在消费者、忠诚消费者到潜在消费者的变化，对应的转换机制见表 2.17。此外，转换指标由环境意识、宣传因素、感知风险等中间变量驱动，见表 2.18。

表 2.17　消费者转型的机制

指标	转换机制
变量 1	IF［（环境意识＋宣传因素–感知风险–价格因素）＜0］， THEN（0.01*潜在消费者的数量）， ELSE［（环境意识＋宣传因素–感知风险–价格因素）/2*潜在消费者数量］
变量 2	IF［（环境意识＋碳标签因子＋消费者价值＋环境态度–收入因素）＜0］， THEN（0.01*普通消费者的数量）， ELSE［（环境意识＋碳标签因素＋消费者价值＋环境态度–收入因素）/3*普通消费者数量］
变量 3	普通消费者数量–变量 2
变量 4	不确定性*忠诚消费者的数量

表 2.18　中间变量的测度

中间变量	测度
环境意识	均值（环境态度，消费者意图，环境知识）
政策因素	均值（广告，消费者意图）
价格因素	均值（溢价，收入因素）
感知风险（情景 1）	IF［（参与程度–产品信息–风险态度）＜0］，THEN（0.01），ELSE（参与程度–产品信息–风险态度）/2
感知风险（情景 2）	IF［（参与程度＋健康风险–产品信息–风险态度）＜0.01］，THEN（0.01），ELSE（参与程度＋健康风险–产品信息–风险态度）/2
环境态度	MEAN（感知有效性，环境知识，环境责任）
消费者价值	（利他性环境价值＋生态价值–利己性环境价值）/2
收入因素	IF［（碳标签产品价格/收入）≥0.6］，THEN（1），ELSE（碳标签产品价格/收入）
碳标签因素（情景 1）	碳标签接受度
碳标签因素（情景 2）	碳标签接受度–碳排放因子

中间变量由决策变量决定，即由溢价比率（碳标签产品的价格除以非碳标签产品的价格）、收入、感知风险、公众意识、受教育水平和消费者感知效力决定。通过类比和现场调查得出类似的对应值，见表 2.19。本书研究目标产品是 250mL 的盒装牛奶，在中国四川省成都市的一家超市进行调查，以模拟消费者的购买行为。另外，将消费者总数设为 1 万人，并假设人均每天购买 1 盒牛奶。

表 2.19　决策变量的测度

决策变量	测度	数值
碳标签牛奶和非碳标签牛奶的价格	结果表明，71.6%的消费者愿为绿色产品支付更多的费用，其中26.4%的消费者声称即使价格更高（高 5%～10%）也会购买（Zhao et al.，2014）。由于中国市场上还没有碳标签牛奶，本研究设定碳标签牛奶的价格比被调查的非碳标签牛奶原价高出 10%	成都市市场调查显示，非碳标签牛奶每升 3 元，设定碳标签牛奶每升 3.3 元
收入	收入是指城市居民的人均可支配收入，包括最终消费支出、其他非强制性支出和储蓄（National Bureau of Statistics of the People's Republic of China，2013）。中国城镇居民的年人均可支配收入为26955 元（National Bureau of Statistics of the People's Republic of China，2014）	每月 2246 元
风险态度	风险态度是一个人对预期效用的选择反应（Wärneryd，1996）。研究表明，消费者对风险的态度在 7.0 中为 5.56，其中 7.0 表示绝对的风险厌恶（Gao，2009）	0.2（范围为 0～1.0，值越高表示冒险意愿越强）
公众意识	公众对环境问题的认识。Yin（2010）指出，63.5%的受访消费者更关注当前的环境问题	0.6（范围为 0～1.0，值越高表示意识越高）
受教育水平	中国受过大学教育的公民比例（Census Office of the People's Republic of China，2010）。根据人口普查，计算结果为 0.089	0.09（范围为 0～1.0）
感知效力	结果表明，消费者中有效的受访者仅占被调查者总数的26.68%（Qing et al.，2006）	0.3（范围为 0～1.0）
脂肪含量（情景 2）	每 100g 牛奶中的脂肪含量	全脂牛奶为 4%，半脱脂牛奶为 2%，脱脂牛奶为 0.1%（Zhao et al.，2012）

2.5.2　模拟结果

三种类别的消费者数量变化如图 2.14 所示。由图 2.14 可知，潜在消费者的数量逐渐减少，但忠诚消费者的数量却在不断增加。对于普通消费者来说，在模拟的早期阶段，其数量先增加后逐渐减少，这可以解释为相当大比例的潜在消费者在短时间内转变为普

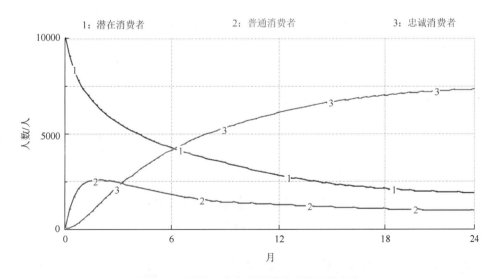

图 2.14　情景 1 中定义的消费者数量的变化

通消费者，从而导致普通消费者的快速增长。一旦从普通消费者到忠诚消费者的转变超过了从潜在消费者到普通消费者的转变，普通消费者就会减少。最终实现一个动态平衡，所有三种类别的消费者在长期内保持在同一水平。

为了探索对碳标签牛奶购买行为的可能影响因素，利用 6 个决策变量进行单因素分析，见表 2.20。在这种情况下，忠诚消费者对碳标签牛奶的偏好更大，故以下分析主要讨论忠诚消费者的数量变化。

表 2.20　决策变量值的变化情况

决策变量	数值 1	数值 2	数值 3
溢价比率	1.05	1.1	1.15
收入/（元/月）	1500	2750	4000
风险态度	0.2	0.5	0.8
公众意识	0.3	0.6	0.9
受教育水平	0.1	0.4	0.7
感知效力	0.2	0.5	0.8

由图 2.15 可知，如果溢价比率不高于 1.1，价格对忠诚消费者的影响可以忽略不计；当溢价比率为 1.15 时，忠诚消费者的数量会大幅下降。因此，对消费者行为是否产生影响主要取决于临界溢价（即消费者愿意支付的最高价格）。当碳标签牛奶的价格低于临界溢价时，该价格对消费者的行为影响不大。

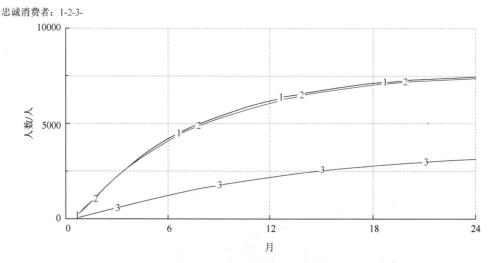

图 2.15　不同溢价比率的忠诚消费者数量的变化

注：图中 1～3 对应于表 2.20 中数值 1～数值 3。

由图 2.16 可知，收入对忠诚消费者变化的影响较小，这与 Noor 等（2012）的研究结果一致，但与 Meyer 和 Liebe（2010）相反。一个可能的原因是牛奶是日常必需品，在消费者支出中所占比例较低。根据现场调查，即使是对那些低收入的人（每月 1500 元），这些牛奶仍然可以作为日常消费。

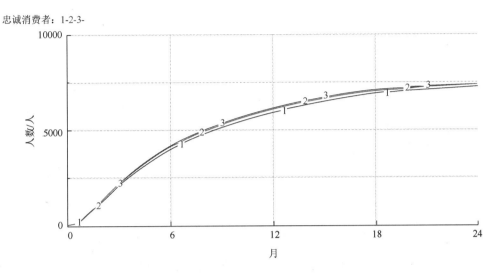

图 2.16 不同收入的忠诚消费者数量的变化

注：图中 1~3 对应于表 2.20 中数值 1~数值 3。

由图 2.17 可知，风险态度对忠诚消费者的变化没有影响，这与 Tonsor 等（2009）的研究结果正好相反。一个可能的原因是，牛奶是一种日常消费的产品，大多数消费者都熟悉其基本属性，如营养、含量等。因此，对碳标签牛奶的风险态度对消费者的购买行为没有很大的影响。

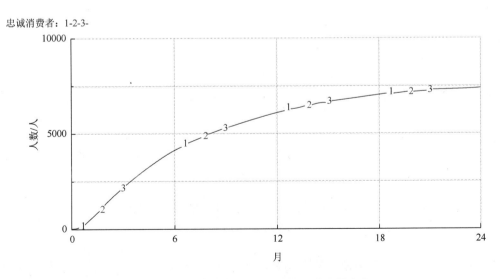

图 2.17 不同风险态度的忠诚消费者数量的变化

注：图中 1~3 对应于表 2.20 中数值 1~数值 3。

由图 2.18 可知，随着公众意识的提高，忠诚消费者的数量也在增加，这与 Assarut 和 Srisuphaolarn（2012）的研究结果是相似的。

忠诚消费者：1-2-3-

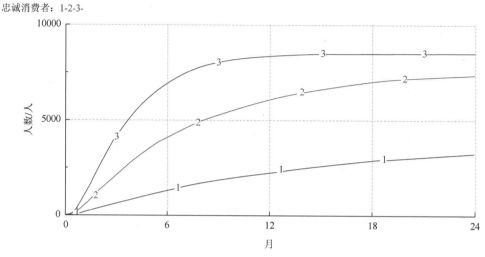

图 2.18 不同公众意识的忠诚消费者数量的变化

注：图中 1～3 对应于表 2.20 中数值 1～数值 3。

由图 2.19 可知，受教育水平与忠诚消费者数量的差异呈正相关，这与 Do Paco 等（2009）的观点一致，即受过良好教育的消费者可能会更了解环境知识，并具有积极的环境态度。

忠诚消费者：1-2-3-

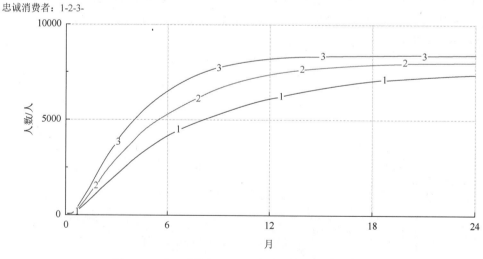

图 2.19 不同受教育水平的忠诚消费者数量的变化

注：图中 1～3 对应于表 2.20 中数值 1～数值 3。

由图 2.20 可知，消费者感知效力越高，忠诚消费者的数量就越多，这与 Webb 等（2008）的研究结果一致，具有较高感知效力的消费者相信个人可以显著提高环境保护。

根据前文对三个类别消费者的定义，潜在消费者倾向于购买没有碳标签的牛奶，而忠诚消费者只购买碳标签牛奶。对于普通消费者来说，选择购买任何一种牛奶的可能性都是相同的。在情景 1 下，碳标签牛奶和非碳标签牛奶的销量模拟如图 2.21 所示。由图 2.21 可知随着促销力度的提高，消费者将优先购买碳标签牛奶。

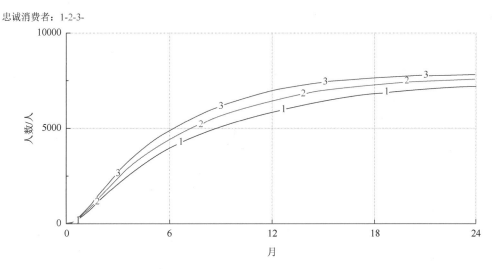

图 2.20　不同感知效力的忠诚消费者数量的变化

注：图中 1～3 对应于表 2.20 中数值 1～数值 3。

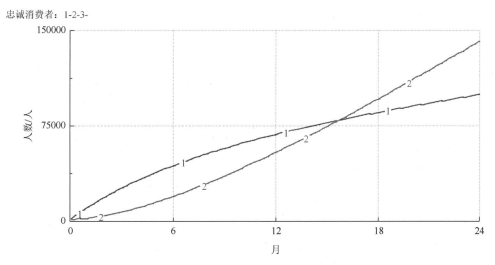

图 2.21　在情景 1 下碳标签牛奶和非碳标签牛奶销量的变化

注：图中 1～3 对应于表 2.20 中数值 1～数值 3。

在情景 2 下，消费者的忠诚度被进一步定义为对低碳产品的忠诚度。Zhao 等（2012）提出，碳排放强度随着牛奶中脂肪含量的降低而降低（包括全脂牛奶、半脱脂牛奶和脱脂牛奶等）。忠诚消费者被认为是购买至少两次含有碳标签的脱脂牛奶的消费者。模拟结果如图 2.22 所示，图中 1、2、3 分别表示购买全脂牛奶、半脱脂牛奶、脱脂牛奶的

潜在消费者: 1-2-3-

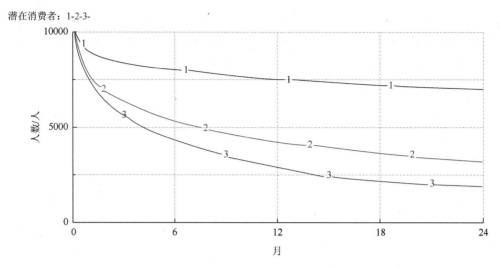

普通消费者: 1-2-3-

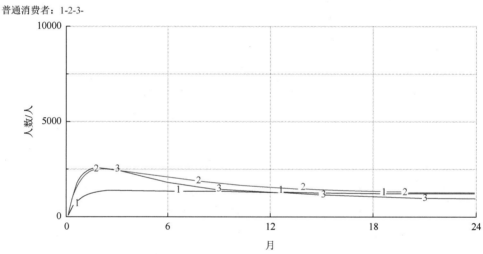

忠诚消费者: 1-2-3-

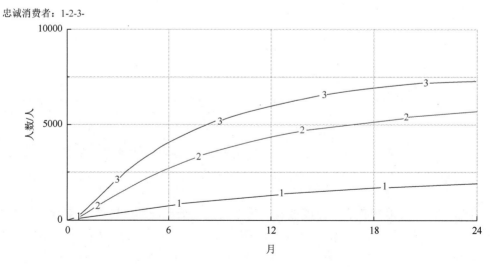

图 2.22 在情景 2 下碳标签牛奶中脂肪含量不同的消费者数量变化

消费者数量。所有消费者都倾向于购买脱脂牛奶，特别是忠诚消费者的数量不断增加，这反映了消费者可能会偏爱低碳牛奶。进一步表明，牛奶的脂肪含量和相应的碳排放对消费者的决策有显著影响，销售价格变化不大。

在情景 2 下，潜在消费者在决策中有相同的概率购买全脂牛奶或半脱脂牛奶。普通消费者会随机购买这三种牛奶。忠诚消费者同时购买半脱脂牛奶和脱脂牛奶，但优先考虑后者。这样，市场上脱脂牛奶的销量超过了全脂牛奶和半脱脂牛奶，如图 2.23 所示。

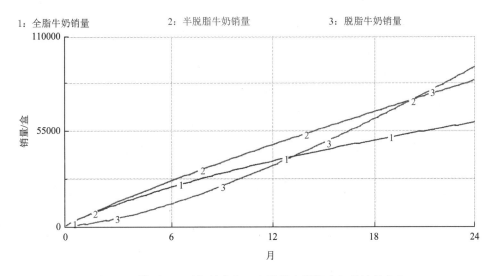

图 2.23 情景 2 下碳标签全脂、半脱脂和脱脂牛奶总销量变化

2.5.3 小结

模拟结果表明，两种情况下，三个类别消费者的数量变化具有相似的趋势。忠诚消费者所占比例最大，说明消费者可能优先选择碳标签产品。这一结果可以通过 Chou（2013）的绿色消费研究来验证，该研究显示，66.3%的被调查消费者有意购买绿色产品。

溢价比率、公众意识、受教育水平和感知效力对消费者购买行为有相当大的影响，而收入和风险态度的影响可以忽略不计。因此，重点不仅应集中在提高消费者的环境意识上，更应引导可能的目标消费者来发展碳标签产品的市场。建议将受教育程度较好、感知效力较高、环境意识积极的消费者作为目标消费者，积极鼓励他们参与购买碳标签产品，并通过他们和其他消费者的互动，带动整个消费群体加速进入低碳消费。

参 考 文 献

Adler AA，Doole GJ，Romera AJ，Beukes PC（2015）Managing greenhouse gas emissions in two major dairy regions of New Zealand：a system-level evaluation. Agr Syst 135：1-9

Arslan T，Yilmaz V，Aksoy HK（2012）Structural equation model for environmentally conscious purchasing behavior. Int J Environ Res 6：323-334

Assarut N，Srisuphaolarn P（2012）Determinants of green product purchase intentions：the roles of environmental consciousness and product attributes. ChulalongKom Bus Rev 32：108-122

AzariJafari H，Yahia A，Amor MB（2016）Life cycle assessment of pavements：reviewing research challenges and opportunities. J Clean Prod 112：2187-2197

Baek CY，Lee KM，Park KH（2014）Quantification and control of the greenhouse gas emissions from a dairy cow system. J Clean Prod 70：50-60

Bai Y，Liu Y（2013）An exploration of residents' low-carbon awareness and behavior in Tianjin，China. Energ Policy 61：1261-1270

Barnard E，Mitra A（2010）Acontingent valuationmethod to measurewillingness to pay for eco-label products. Las Vegas，US

Bartiaux F（2008）Does environmental information overcome practice compartmentalisation and change consumers' behaviours? J Clean Prod 16：1170-1180

Beske P，Land A，Seuring S（2014）Sustainable supply chain management practices and dynamic capabilities in the food industry：a critical analysis of the literature. Int J Prod Econ 152：131-143

Biggs EM，Bruce E，Boruff B，Duncan JMA，Horsley J，Pauli N，McNeill K，Neef A，Ogtrop FV，Curnow J，Haworth B，Duce S，Imanari Y（2015）Sustainable development and the water-energyfood nexus：a perspective on livelihoods. Environ Sci Policy 54：389-397

Birgelen MV，Semeijn J，Keicher M（2009）Packaging and proenvironmental consumption behavior：investigating purchase and disposal decisions for beverages. Environ Behav 41：125-146

Bonti-Ankomah S，Yiridoe EK（2006）Organic and conventional food：a literature review of the economics of consumer perceptions and preferences. In：FinalReport，OrganicAgriculture Centre of Canada Nova Scotia Agricultural College

Borges A，Chebat JC，Babin BJ（2010）Does a companion always enhance the shopping experience? J Retail Consum Serv 17：294-299

Borin N，Cerf DC，Krishnan R（2011）Consumer effects of environmental impact in product labeling. J Consum Mark 28：76-86

Bryman A（eds）（2017）Quantitative and qualitative research：further reflections on their integration. In Mixing methods：qualitative and quantitative research. Routledge，London

Cai BF，Feng XZ，Chen XM（2012）Transport carbon dixiode emissions and low carbon development. Chemical Industry Press，Beijing（In Chinese）

Campbell MC，Goodstein RC（2001）The moderating effect of perceived risk on consumers' evaluations of product incongruity：preference for the norm. J Consum Res 28：439-449

Castanheira ÉG，Dias AC，Arroja L，Amaro R（2010）The environmental performance of milk production on a typical Portuguese dairy farm. Agr Syst 103：498-507

Census Office of the People's Republic of China（2010）Population census data of China in 2010. http://www.stats.gov.cn/tjsj/pcsj/rkpc/6rp/indexch.html Accessed 24 Feb 2014

Chekima B，Wafa S，Igau OA，Chekima S，Sondoh SL（2016）Examining green consumerism motivational drivers：does premium price and demographics matter to green purchasing? J Clean Prod 112：3436-3450

Chen TB，Chai LT（2010）Attitude towards the environment and green products：consumers'perspective. Manag Sci Eng 4：27-39

Chen X，Corson MS（2014）Influence of emission-factor uncertainty and farm-characteristic variability in LCA estimates of environmental impacts of French dairy farms. J Clean Prod 81：150-157

Cherubini F，Bargigli S，Ulgiati S（2009）Life cycle assessment（LCA）of waste management strategies：Landfilling，sorting plant and incineration. Energy 34：2116-2123

Chomeya R（2010）Quality of psychology test between Likert scale 5 and 6 points. J Soc Sci 6：399-403

Chou L（2013）Study of green consumption behaviour. Tianjin，China（In Chinese）Corrigan JR，Rousu MC（2006）Posted prices and bid affiliation：evidence from experimentalauctions. Am J Agr Econ 88：1078-1090

Dholakia UM，Kahn BE，Reeves R，Rindfleisch A，Stewart D，Taylor E（2010）Consumer behavior in a multichannel，multimedia retailing environment. J Interact Mark 24：86-95

D'Souza C，Taghian M，Lamb P（2006）An empirical study on the influence of environmental labels on consumers. Corp Commun Int J 11：162-173

DEFRA（Department of Environment，Food and Rural Affairs）（2012）Guidelines to Defra/DECC's GHG Conversion Factors for Company. Reporting.https://www.gov.uk/government/publications/2012-guidelines-to-defra-decc-s-ghg-conversion-factors-for-company- reporting-method ology-paper-for-emission-factors. Accessed 20 Feb 2014

Do Paço AMF，Raposo MLB，Filho WL（2009）Identifying the green consumer：a segmentationstudy. J Target Meas Anal Mark 17：17-25

Dolnicar S，Grün B，Leisch F（2016）Increasing sample size compensates for data problems in segmentation studies. J Bus Res 69：992-999

Dong Y，Xia B，Chen W（2014）Carbon footprint of urban areas：an analysis based on emission sources account model. Environ Sci Policy 44：181-189

Dono J，Webb J，Richardson B（2010）The relationship between environmental activism，proenvironmental behaviour and social identity. J Environ Psychol 30：178-186

Dutreuil M，Wattiaux M，Hardie CA，CabreraVE（2014）Feeding strategies and manuremanagement for cost-effective mitigation of greenhouse gas emissions from dairy farms inWisconsin. J Dairy Sci 97：5904-5917

Echeverría R，Hugo MV，Sepúlveda C（2014）Willingness to pay for carbon footprint on foods. Brit Food J 116：186-196

Edwards-Jones G，Plassmann K，York EH，Hounsome B，Jones DL，i Canals LM（2009）Vulnerability of exporting nations to the development of a carbon label in the United Kingdom. Environ Sci Policy 12：479-490

Emanuel R，Adams JN（2011）College students' perceptions of campus sustainability. Int J Sust Higher Edu 12：79-92

Essoussi LH，Linton JD（2010）New or recycled products：how much are consumers willing to pay?J Consum Mark 27：458-468

Fisher C，Bashyal S，Bachman B（2012）Demographic impacts on environmentally friendly purchase behaviors. J Target Meas Anal Mark 20：172-184

Frazier CB，Ludwig TD，Whitaker B，Roberts DS（2013）A hierarchical factor analysis of a safety culture survey. J Saf Res 45：15-28

Fryxell GE，Lo CWH（2003）The influence of environmental knowledge and values on managerial behaviours on behalf of the environment：an empirical examination of managers in China. J Bus Ethics 46：45-69

Gadema Z，Oglethorpe D（2011）The use and usefulness of carbon labelling food：a policy perspective from a survey of UK supermarket shoppers. Food Policy 36：815-822

Gadenne D，Sharma B，Kerr D，Smith T（2011）The influence of consumers' environmental beliefs and attitudes on energy saving behaviours. Energy Policy 39：7684-7694

Gao HX（2009）Research on consumers' perceived risk and behavior patterns. Beijing，China（InChinese）

Ghaffarzadegan N，Lyneis J，Richardson GP（2011）How small system dynamics models can help the public policy process. Syst Dynam Rev 27：22-44

González-García S，Castanheira ÉG，Dias AC，Arroja L（2013）Environmental life cycle assessment of a dairy product：the yoghurt. Int J Life Cycle Ass 18：796-811

Gössling S，Buckley R（2016）Carbon labels in tourism：persuasive communication? J Clean Prod 111：358-369

Grunert KG，Hieke S，Wills J（2014）Sustainability labels on food products：consumer motivation，understanding and use. Food Policy 44：177-189

Guenther M，Saunders CM，Tait PR（2012）Carbon labeling and consumer attitudes. Carbon Manag 3：445-455

Ha N，Feike T，Back H，Xiao H，Bahrs E（2015）The effect of simple nitrogen fertilizer recommendation strategies on product carbon footprint and gross margin of wheat and maize production in the North China Plain. J Environ Manage 163：146-154

Hagemann M，Ndambi A，Hemme T，Latacz-Lohmann U（2012）Contribution of milk production to global greenhouse gas emissions. Environ Sci Pollut R 19：390-402

Hart PM，Dale R（2014）With or without you：The positive and negative influence of retail companions. J Retail Consum Serv 21：780-787

Hartikainen H，Roininen T，Katajajuuri JM，Pulkkinen H（2014）Finnish consumer perceptions of carbon footprints and carbon labelling of food products. J Clean Prod 73：285-293

Hassan Y，Nor MNAM（2013）Understanding consumer decision making towards green electronic products. In：Proceedings of the Kuala Lumpur International Business，Economics and Law Conference，Kuala Lumpur，Malaysia

Hatew B，Bannink A，Van Laar H，De Jonge LH，Dijkstra J（2016）Increasing harvest maturity of whole-plant corn silage reduces methane emission of lactating dairy cows. J Dairy Sci 99：354-368

Henderson CM，Beck JT（2011）Palmatier RW. review of the theoretical underpinnings of loyalty programs. J Consum Psychol 21：256-276

Hernandez-Ortega B（2011）The role of post-use trust in the acceptance of a technology：drivers and consequences. Technovation 31：523-538

Hospido A，Moreira MT，Feijoo G（2003）Simplified life cycle assessment of Galician milk production. Int Dairy J 13：783-796

Huang J，Xu CC，Ridoutt BG，Liu JJ，Zhang HL，Chen F，Li Y（2014）Water availability footprint of milk and milk products from large-scale dairy production systems in Northeast China. J Clean Prod 79：91-97

Huysveld S，linden VV，Meester SD，Peiren N，Muylle H，Lauwers L，Dewulf J（2015）Resource use assessment of an agricultural system from a life cycle perspective- a dairy farm as case study. Agr Syst 135：77-89

Inrig T，Amey B，Borthwick C，Beaton D（2012）Validity and reliability of the fear-avoidance beliefs questionnaire（FABQ）in workers with upper extremity injuries. J Occup Rehabil 22：59-70

IPCC（Intergovernmental Panel on Climate Change）（2006）Guidelines for national greenhouse gas inventories. http://www.ipcc-nggip.iges.or.jp/public/2006gl/ Accessed 7 Aug 2020

Izquierdo I，Olea J，Abad FJ（2014）Exploratory factor analysis in validation studies：uses and recommendations. Psicothema 26：395-400

Joonas K（2008）Environmentally friendly products：factors affecting search for information. AIMS Int J Manag 2：165-176

Khushaba RN，Wise C，Kodagoda S，Louviere J，Kahn BE，Townsend C（2013）Consumer neuroscience：Assessing the brain response to marketing stimuli using electroencephalogram（EEG）and eye tracking. Expert Syst Appl 40：3803-3812

Kim YK，Trail G（2010）Constraints and motivators：a new model to explain sport consumer behavior. J Sport Manag 24：190-210

Kinnear TC，Taylor JR，Ahmed SA（1974）Ecologically concerned consumers：who are they? J Mark 38：20-24

Kotler P，Armstrong G（2010）Principles of marketing，14th ed. Pearson PrenticeHall，Upper Saddle River，US

Lam TH（2014）Awareness of eco-labeling of students of higher education in Hong Kong.Master's thesis，University ofHongKong. http://dx.doi.org/https://doi.org/10.5353/th_b5334260.Accessed 24 April 2018

Lee MC（2009）Factors influencing the adoption of internet banking：An integration of TAM and TPB with perceived risk and perceived benefit. Electron Commer Res Appl 8：130-141

Li J，Colombier M（2009）Managing carbon emissions in China through building energy efficiency. J Environ Manag 90：2436-2447

Li Q，Long R，Chen H（2017）Empirical study of the willingness of consumers to purchase lowcarbon products by considering carbon labels：a case study. J Clean Prod 161：1237-1250

Li X，Jensen KL，Clark CD，Lambert DM（2016）Consumer willingness to pay for beef grown using climate friendly production practices. Food Policy 64：93-106

Lin PC，Huang YH（2012）The influence factors on choice behavior regarding green products based on the theory of consumption values. J Clean Prod 22：11-18

Lindsey-Mullikin J，Munger JL（2011）Companion shoppers and the consumer shopping experience. J Relation Mark 10：7-27

Ling CY（2013）Consumers' purchase intention of green products：an investigation of the drivers and moderating variable. Mark Manage 57：14503-14509

Liu T，Wang Q，Su B（2016）A review of carbon labeling：Standards，implementation，and impact. Renew Sust Energ Rev 53：68-79

Lobb AE，Mazzocchi M，Traill WB（2006）Risk perception and chicken consumption in the avian flu age - a consumer behaviour study on food safety information. In：Proceedings of the American Agricultural Economics Association Annual Meeting，Long Beach，US.

Lombardi GV，Berni R，Rocchi B（2017）Environmental friendly food. Choice experiment to assess consumer's attitude toward "climate neutral" milk：the role of communication. J Clean Prod 142：257-262

Mainieri T，Barnett EG，Valdero TR，Unipan JB，Oskamp S（1997）Green buying：the influence of environmental concern on consumer behavior. J Soc Psychol 137：189-204

Makower J，Pike C（2009）Strategies for the green economy：opportunities and challenges in the new world of business. New York，US

Manasakunkit C，Chinda T（2013）The development of a basic dynamic model of household waste recycling. In：Proceedings of the 4th International Conference on Engineering，Project，and Production Management（EPPM）

Maniatis P（2016）Investigating factors influencing consumer decision-making while choosing green products. J Clean Prod 132：215-228

Meneses M，Pasqualino J，Castells F（2012）Environmental assessment of the milk life cycle：the effect of packaging selection and the variability of milk production data. J Environ Manage 107：76-83

Meyer R，Liebe U（2010）Are the affluent prepared to pay for the planet? explaining willingness to pay for public and quasi-private environmental goods in Switzerland. Popul Environ 32：42-65

Milfont TL（2007）Psychology of environmental attitudes：a cross-cultural study of their content and structure. Doctoral Dissertation，University of Auckland，New Zealand

Milfont TL，Duckitt J（2010）The environmental attitudes inventory：a valid and reliable measure to assess the structure of environmental attitudes. J Environ Psychol 30：80-94

Mitchell VW（1999）Consumer perceived risk：conceptualisations and models. Eur JMark 33：163-195

Moser AK（2015）Thinking green，buying green?Drivers of pro-environmental purchasing behavior. J Consum Mark 32：167-175

Mostafa MM（2016）Egyptian consumers' willingness to pay for carbon-labeled products：a contingent valuation analysis of socio-economic factors. J Clean Prod 135：821-828

Mowen JC，Minor M（2001）Consumer behavior：a framwork. New York，US

Mukherjee J，Ray S，Ghosh PB（2013）A system dynamic modeling of carbon cycle from mangrove litter to the adjacent Hooghly estuary. India Ecol Model 252：185-195

Muñoz Cederberg C，Mattsson B（2000）Life cycle assessment of milk production-a comparison of conventional and organic farming. J Clean Prod 8：49-60

National Bureau of Statistics of the People's Republic of China（2013）Index to explain：people's livelihood. http://www.stats.gov.cn/tjsj/zbjs/201310/t20131029_449516.html Accessed 13 Aug 2020

National Bureau of Statistics of the People's Republic of China（2014）The statistical bulletin of national economic and social development in 2013. http://www.stats.gov.cn/tjsj/zxfb/201402/t20140224_514970.html Accessed 13 Aug 2020

NDRC（National Development and Reform Commission）（2014）China regional power grid emission factor report. http://qhs.ndrc.gov.cn/qjfzjz/200907/t20090703_289357.html Accessed 13 Aug 2020

Nigri EM，Barros ACD，Rocha SDF，Romeiro Filho E（2014）Assessing environmental impacts using a comparative LCA of industrial and artisanal production processes："minas cheese" case. Food Sci Tech 34：522-531

Noor NAM，Mat N，Mat NA，Jamaluddin CZ，Salleh HS，Muhammad A（2012）Emerging green product buyers in Malaysia：their profiles and behaviors. In：Proceedings of 3rd international conference on business and economic research，Bandung，Indonesia

OzakiR（2011）Adopting sustainable innovation：whatmakes consumers sign up to green electricity?Bus Strategy Environ 20：1-17

Ozdemir A，Altural T（2013）A comparative study of frequency ratio，weights of evidence and logistic regression methods for landslide susceptibility mapping：Sultan Mountains，SWTurkey. J Asian Earth Sci 64：180-197

Park YS，Egilmez G，Kucukvar M（2016）Emergy and end-point impact assessment of agricultural and food production in the United States：a supply chain-linked ecologically-based life cycle assessment. Ecol Indic 62：117-137

Peattie K（2010）Green consumption：behavior and norms. Annu Rev Environ Resour 35：195-228

Peschel AO，Grebitus C，Steiner B，Veeman M（2016）How does consumer knowledge affect environmentally sustainable choices? Evidence from a crosscountry latent class analysis of food labels. Appetite 106：78-91

Pillai P，Meghrajani I（2013）Consumer attitude towards eco-friendly goods - a study of electronic products in Ahmedabad city. Int J Eng Res Technol 2：1124-1127

Qing P，Yan FX，Wang MD（2006）Empirical study of consumer behaviour on green vegetables. Issues Agric Econ 6：73-78（In Chinese）

Rezai G，Mohamed Z，Shamsudin MN（2011）Malaysian consumer's perceptive towards purchasing organically produce vegetable. In：Proceedings of the 2nd international conference on business and economic research，Langkawi，Malaysia

Riera FA，Suárez A，Muro C（2013）Nanofiltration of UHT flash cooler condensates from a dairy factory：characterisation and water reuse potential. Desalination 309：52-63

Rijnsoever FJV，Mossel AV，Broecks KPF（2015）Public acceptance of energy technologies：the effects of labeling，time，and heterogeneity in a discrete choice experiment.RenewSustain Energy Rev 45：817-829

Rowlings DW，Grace PR，Scheer C，Kiese R（2013）Influence of nitrogen fertiliser application and timing on greenhouse gas emissions from a lychee（Litchi chinensis）orchard in humid subtropical Australia. Agr Ecosyst Environ 179：168-178

Ruscio J，Roche B（2012）Determining the number of factors to retain in an exploratory factor analysis using comparison data of known factorial structure. Psychol Assess 24：282-292

Seppälä J（2003）Life cycle impact assessment based on decision analysis（Ph.D. Dissertation）. Helsinki University of Technology，Espoo

Sharp A，Wheeler M（2013）Reducing householders' grocery carbon emissions：carbon literacy and carbon label preferences. Australas Mark J 21：240-249

Shuai CM，Ding LP，Zhang YK，Guo Q，Shuai J（2014a）How consumers are willing to pay for low-carbon products? - Result from a carbon- labeling scenario experiment in China. J Clean Prod 83：366-437

Shuai CM，Yang XM，Zhang YK（2014b）Consumer behaviour on low-carbon agri-food purchase：A carbon labelling experimental study in China. Agr Econ 60：133-146

Spaargaren G，van Koppen CSA，Janssen AM，Hendriksen A，Kolfschoten CJ（2013）Consumer responses to the carbon labelling of food：a real life experiment in a canteen practice. Sociol Ruralis 53：432-453

Steg L，Vlek C（2009）Encouraging pro-environmental behaviour：an integrative reviewand research agenda. J Environ Psychol 29：309-317

Steiner M，Wiegand N，Eggert A（2016）Platform adoption in systemmarkets：the roles of preference heterogeneity and consumer expectations. Int J Res Mark 33：276-296

Sumari S，Ibrahim R，Zakaria NH，Hamid AHA（2013）Comparing three simulation model using taxonomy：system dynamic simulation，discrete event simulation and agent based simulation. Int J Manag Excell 1：54-59

Tam R，Yassa B，Parker H et al（2016）On campus food purchasing behaviours，preferences and opinions on food availability of university students. Nutrition 73：15

Tan BC（2011）The roles of knowledge，threat，and PCE on green purchase behaviour. Int J Bus Manag 6：14-27

Tehrani AF，Ahrens D（2016）Enhanced predictive models for purchasing in the fashion field by using kernel machine regression equipped with ordinal logistic regression. J Retail Consum Serv 32：131-138

Tonsor GT，Schroeder TC，Pennings JME（2009）Factors impacting food safety risk perceptions. J Agric Econ 60：625-644

Triandis HC（1989）The self and social behavior in differing cultural contexts. Psychol Rev 96：506

Trope Y，Liberman N（2010）Construal-level theory of psychological distance. Psychol Rev 117：440

Upham P，Dendler L，Bleda M（2011）Carbon labelling of grocery products：public perceptions and potential emissions reductions. J Clean Prod 19：348-355

Vanclay JK，Shortiss J，Aulsebrook S，Gillespie AM，Howell BC，Johanni RR，MaherMJ，Mitchell KM，Stewart MD，Yates J（2011）Customer response to carbon labelling of groceries. J Consum Policy 34：153-160

Van-Middelaar CE，Berentsen PBM，Dijkstra J，De Boer IJM（2013）Evaluation of a feeding strategy to reduce greenhouse gas emissions from dairy farming：the level of analysis matters. Agr Syst 121：9-22

Vecchio R，Annunziata A（2015）Willingness-to-pay for sustainability-labelled chocolate：an experimental auction approach. J Clean Prod 86：335-342

Vergé XPC，Maxime D，Dyer JA，Desjardins RL，Arcand Y，Vanderzaag A（2013）Carbon footprint of Canadian dairy products：calculations and issues. J Dairy Sci 96：6091-6104

Virtanen Y，Kurppa S，Saarinen M（2011）Carbon footprint of food-approaches from national input-output statistics and a LCA of a food portion. J Clean Prod 19：1849-1856

Vlachos D，Georgiadis P，Iakovou E（2007）Asystem dynamics model for dynamic capacity planning of remanufacturing in closed-loop supply chains. Comput Oper Res 34：367-394

Wang X，Kristensen T，Mogensen L，Knudsen MT，Wang X（2016）Greenhouse gas emissions and land use from confinement dairy farms in the Guanzhong plain of China-using a life cycle assessment approach. J Clean Prod 113：577-586

Wärneryd KE（1996）Risk attitudes and risky behavior. J Econ Psychol 17：749-770

Webb DJ，Mohr LA，Harris KE（2008）A re-examination of socially responsible consumption and its measurement. J Bus Res 61：91-98

Weber EU，Blais AR，Betz NE（2002）A domain-specific risk-attitude scale：measuring risk perceptions and risk behaviors. J Behav Decis Mak 15：263-290

Wheeler T，Von Braun J（2013）Climate change impacts on global food security. Science 341：508-513

Woon KS，Lo IM（2013）Greenhouse gas accounting of the proposed landfill extension and advanced incineration facility for municipal solid waste management in Hong Kong. Sci Total Environ 458：499-507

Wu P，Low SP，Xia B，Zuo J（2014）Achieving transparency in carbon labelling for construction materials-Lessons from current assessment standards and carbon labels. Environ Sci Policy 44：11-25

Xie M，Li L，Qiao Q，Sun Q，Sun T（2011）A comparative study on milk packaging using life cycle assessment：from PA-PE-Al laminate and polyethylene in China. J Clean Prod 19：2100-2106

Yin SJ（2010）Empirical study of Chinese organic food market based on the perspective of consumer behavior. Doctoral dissertation，Jiangnan University，Jiangsu.（In Chinese）

Zhao R，Deutz P，Neighbour G，McGuire M（2012）Carbon emissions intensity ratio：an indicator for an improved carbon labelling scheme. Environ Res Lett 7：9

Zhao HH，Gao Q，Wu YP，Wang Y，Zhu XD（2014）What affects green consumer behavior in China?A case study from Qingdao. J Clean Prod 63：43-151

Zhao R，Zhong S（2015）Carbon labelling influences on consumers' behaviour：a system dynamics approach. Ecol Indic 51：98-106

Zhao R，Geng Y，Liu Y，Tao X，Xue B（2018a）Consumers' perception，purchase intention，and willingness to pay for carbon-labeled products：a case study of Chengdu in China. J Clean Prod 171：1664-1671

Zhao R，Xu Y，Wen X，Zhang N，Cai J（2018b）Carbon footprint assessment for a local branded pure milk product：A lifecycle based approach. Food Sci Technol 38：98-105

Zsóka AN（2008）Consistency and "awareness gaps" in the environmental behaviour of Hungarian companies. J Clean Prod 16：322-329

第3章 碳标签实践中利益主体之间的互动

摘要： 碳标签作为产品或服务生命周期碳排放量的一种量化手段，推动企业全面评估其产品或服务的生命周期对环境的影响，激励生产者更多关注其自身的社会责任，从而可引导低碳生产和消费。这个过程中，碳标签的实施对企业来说是自愿的。政府通过制定引导性的政策，可将产品的环境可持续性需求转化为企业工业创新的动力，从而在促进企业的绿色低碳转型方面发挥主导作用。不同的企业之间、企业和政府之间以及企业和消费者之间的相互作用是复杂的，这也可能决定着碳标签制度是否可能被成功实施。本章应用博弈论，结合系统动力学方法，对碳标签产品市场进行数学建模，模拟企业、消费者和政府之间的策略互动。

关键词： 博弈论 系统动力学 利益主体 互动

3.1 引　　言

随着低碳经济的发展，碳标签制度已成为促进绿色消费的新手段（Guenther et al.，2012）。绿色消费是指一种可持续的消费模式，即环境友好型购买方式，消费者有意选择污染和能源消耗较低的产品以满足其购买需求，实现环境保护（OECD，2016）。消费者对产品绿色性能的偏好，例如对碳标签产品或服务的需求，可能迫使部分企业转变为低碳生产方式。碳标签制度的实施不仅为推动企业全面评估其产品或服务的生命周期对环境的影响提供契机（Zhao et al.，2017），还可以激励生产者更加关注企业的社会责任。这样的消费行为可以迫使生产者更注重生产创新（如生态设计、清洁生产、绿色营销等），进而开发低碳环保产品，反过来进一步影响消费者的低碳消费行为（Dangelico and Pontrandolfo，2010）。

然而，由于社会关系中所有参与者之间的相互作用非常复杂，很难单一实施某种政策。例如，利益主体之间可能单纯地依赖于可靠和忠诚的伙伴关系进行维系（Myeong et al.，2014；Choi，2014，2015）。消费者对碳标签产品的支付意愿受年龄、性别、收入和教育水平等个人特征的影响非常显著，作为自由市场中的购买者，他们往往只接受较低的溢价（Ramayah et al.，2010；Olive et al.，2011）。对于企业来说，低碳技术会增加额外成本，再加上市场风险和外部商业环境的复杂性，可能增加企业发展风险（Zhao et al.，2013；Shuai et al.，2014；Bi et al.，2015）。虽然企业通常是自愿参与的，但作为市场的主要组成部分，它们通常会对一系列市场信号（如消费者需求、政府政策）做出快速反应。因此，各国政府通过制定引导性的政策，可将产品的环境可持续性需求转化为企业工业创新的动力，从而在促进企业的绿色低碳转型方面发挥主导作用（Kanada et al.，2013；Choi，2015）。在一般市场中，碳标签利益关联主体之间的交互作用是非常复杂的，每一环节、每一要素都可能决定碳标签制度能否实施成功。

在此背景下，本章应用演化博弈理论，结合系统动力学模型来分析碳标签产品市场中企业、消费者和政府之间的行为交互。博弈论用于预测群体间发生冲突时每个参与者的最优策略（Hui and Bao，2013）。博弈过程通常根据每个玩家可能选择的策略行动做出特定的预测。得到的预测结果是各参与者之间交互作用的平衡状态，可用纳什均衡表示（Zhao et al.，2016）。然而现实中很难直接应用博弈论来寻找这种纳什均衡。例如，在现实中，难以准确定量分析博弈各方何时进行瞬态变换（Kim Dong-Hwan and Kim Doa Hoon，1997）。系统动力学有助于通过可视化模拟来解决这一问题，帮助决策者更好地理解博弈演化中的复杂动态过程（Yunna et al.，2015）。所以，演化博弈理论和系统动力学模型的有机结合可以充分发挥各自的优势，确定各利益关联主体的策略演变，寻求碳标签产品的市场发展趋势。

本章包含 5 个小节。其中，3.1 节是本章的引言。3.2 节简要介绍博弈论。3.3 节采用博弈论，结合系统动力学，在碳标签产品市场中以有限理性条件模拟企业和消费者之间的策略交互作用。3.4 节提出一个演化博弈模型，以研究企业对碳标签体系实施政策（如政府的直接补贴或各种优惠税率等）的响应，然后利用系统动力学模型模拟基于两种场景（即个体策略干预和联合策略干预）的场景分析。3.5 节提出一种系统动力学方法，分析在实施碳标签制度过程中，不同政府政策（包括补贴和惩罚措施）驱动下企业可能采取的响应。[+]

3.2　博弈论概述

本节通过一个著名案例——"囚徒困境"（Davis，1983；Luce and Raiffa，1989；Straffin，1993）来说明博弈论的基本思想。选择"囚徒困境"案例的意义在于，相当多的社会现象或管理问题可以抽象为该案例中囚徒面临的选择问题（Straffin，1993）。"囚徒困境"是博弈论中非零和博弈最具有代表性的例子，由 Albert W.Thucker（Romp，1997）以囚徒为例进行阐述。假设有两个共谋犯罪的人被拘捕关入监狱，分别关在不同的屋子里接受审讯，警察很有经验，清楚二人有罪，但缺乏足够证据对他们判刑。因此，警察试图给嫌疑人两种选择，要么招供得到宽大处理，要么不招供而受到法律严惩。这两名嫌疑人所面临的困境为是否选择招供。他们可能会做出的选择如下：①如果没有证明他们有罪的直接证据，在他们坚决不认罪的情况下，他们可能仅仅会受到较轻的惩罚，即他们都将仅被判处 1 年监禁；②如果他们两人都决定认罪，将被判有罪，但由于主动坦白而被判处较轻的惩罚，即他们两人都将被判处 6 年监禁；③如果其中一人决定认罪，另一人绝不认罪，招供者将由于检举有功而得到减少惩罚的额外奖励，而他的同伴将受到更为严厉的惩罚，这种情况下，招供者可以免于监禁，而他的同伴将被判处 10 年监禁。在这里，惩罚是任意设定的，上述例子只是用来说明这个选择过程。对于上述可能的策略行动的设计，其困境可以用一个简单矩阵来描述，见表 3.1。

　+ 此处译者有修改。

表 3.1　"囚徒困境"的收益矩阵

囚徒 1	囚徒 2	
	不招供	招供
不招供	(−1, −1)	(−10, 0)
招供	(0, −10)	(−6, −6)

"囚徒困境"案例反映个人的最优选择往往不是团体的最优选择。换句话说，在一个群体中，个人做出理性选择却往往导致集体的非理性结果。这个经典的博弈过程可以被看作一个理论原型，用来分析关于碳标签制度中利益关联主体之间互动的博弈场景，这将在 3.3～3.5 节中详细介绍。例如，在我们的研究中，碳标签产品可能会导致那些生产相同类型产品的企业之间的竞争。这种企业间的竞争关系，不仅可能降低产品的生产成本，而且可能提高产品的环境质量，例如减少与产品相关的碳足迹。如果两家企业通过生产转型，都降低了生产成本，同时注重产品的环境质量，它们就可能有机会开拓新的市场份额；反之，如果两家企业都不重视碳排放问题，而只关心自身经济利益的最大化，其长期销售利润将会逐渐下降。如果一家企业积极开展低碳转型，采用清洁生产工艺降低生产成本和能源消耗，提供碳标签产品，而另一家企业仍然坚持其原有的高碳生产方式且不考虑环境因素，提供非碳标签产品，那么前者显然可能有更多的优势来吸引更多的客户购买其产品，从而增加利润。

"囚徒困境"是一种典型的策略式博弈。如果一个博弈过程被定义为策略式博弈，那么基本博弈结构应该包含以下三个重要的因素，分别是"玩家列表""每个玩家的策略集""与任何策略组合相关的收益"（Dutta，1999）。博弈论中的收益可以被描述为在不同情况下给出的具体量化数值，这些数值通常由博弈论中的结果推导得出。在某些情况下，收益可以使用逻辑单位，而不是货币价值。例如，如果结果为赢、输和打平，那么就可以赋值为"+1""−1""0"来分别代表这三种情况（Rapoport，1999；Thomas，2003）。在策略式博弈中，最简单的形式是双人博弈，即两个玩家处于博弈情境，每个人都有两种可用于进一步决策的策略。双人博弈可以分为双人零和博弈、双人非零和博弈（Rapoport，1999）。

双人零和博弈是指无论玩家使用什么策略，各玩家的总收益加起来都是零的博弈（Kelly，2003；Thomas，2003）。在这种博弈情况下，比赛非常严格，一个玩家会赢，另一个玩家会输。双人零和博弈在日常生活中很常见，例如象棋对弈。双人零和博弈原理广受关注，主要原因是人们发现很多社会现象都带有"零和"游戏的思想。例如胜利者的光荣后面往往包含着失败者的苦楚。每个生命个体似乎都处于一个机遇、资源、财富均有限的封闭生态系统中，生命个体占据的生存资源越多，必然意味着其他生命个体的生存空间被挤占得越厉害。

但在实际现实生活中，博弈在一定程度上不产生"零和"效应，所以总收益不等于零（Davis，1983）。"囚徒困境"是一种典型的双人非零和博弈，原因是如果双方都决定认罪，总收益为 12 年；如果他们都不认罪，总收益为 2 年。与双人零和博弈相比，它是一种非严格对称的竞争博弈，导致玩家不会产生"完全对抗"（Luce and Raiffa，1989；Thomas，2003）。在双人非零和博弈中，结果对所有参与的玩家来说都是有益且可以接受的，因为没有人会赢得一切，每个人都会得到一些东西，这是一种均衡的局面。在某种程度上，这可以理解为双赢的情况，完全不同于双人零和博弈中严格的输赢情况。许多与经济、政治和军事利益有关的冲突都可以转化为双人非零和博弈的情况。例如，医疗产品开发的博弈场景就是一种具有不同程度合作和竞争关系的双人非零和博弈（Luce and Raiffa，1989）。

3.2.1　消除主导策略的解决方法

双人非零和博弈（如"囚徒困境"）的解，是通过纳什均衡的识别来确定的。假设博弈分析对每个参与者可能选择的策略行为做出特定的预测，与各参与者选择的策略相比，预测的策略应该是最佳策略。本节介绍如何利用消除主导策略的方法求纳什均衡（Romp，1997；Gintis，2009）。在应用这种方法时，应依次检查每个参与者，消除所有被严格控制的主导策略。这个过程可能会使得每个参与者只剩下一个策略，因此，该方法为博弈提供了一个独特的解决方案。表 3.2 为两名囚徒在采取不同策略行动（即招供或不招供）时的不同收益。

表 3.2　一般形式的"囚徒困境"

囚徒 1	囚徒 2	
	招供	不招供
招供	−6，−6	0，−10
不招供	−10，0	−1，−1

首先，根据囚徒 2 的选择来确定囚徒 1 的最佳策略。假设囚徒 1 预测囚徒 2 选择招供，囚徒 1 的最佳策略是从矩阵 $\begin{bmatrix} -6 \\ -10 \end{bmatrix}$ 中得到的招供。收益用监禁时间来表示，数值越小，收益越高，这样，−6 的收益就比−10 好。因此，在表 3.3 中，当囚徒 2 选择招供时，通过下划线标记第一个收益要素"−6"。

表 3.3　囚徒 2 选择"招供"时囚徒 1 的最佳选择

囚徒 1	囚徒 2	
	招供	不招供
招供	<u>−6</u>，−6	0，−10
不招供	−10，0	−1，−1

如果囚徒 1 预测囚徒 2 选择不招供的策略，那么囚徒 1 的最佳策略是从矩阵 $\begin{bmatrix} 0 \\ -1 \end{bmatrix}$ 中得到的招供。因为 0 的收益比−1 好，在这种情况下，囚徒 1 可以免除牢狱之灾，所有

惩罚将由囚徒 2 承担。因此，在表 3.4 中，当囚徒 2 选择不招供时，通过下划线标记收益要素"0"。

表 3.4　囚徒 2 选择"不招供"时囚徒 1 的最佳选择

囚徒 1	囚徒 2	
	招供	不招供
招供	−6，−6	<u>0</u>，−10
不招供	−10，0	−1，−1

同样地，通过预测囚徒 1 可能采取的策略来确定囚徒 2 的最佳策略。假设囚徒 1 选择招供，而囚徒 2 的最佳策略是从矩阵 [−6，−10] 中得到的招供，因为−6 的收益比−10 好。因此，通过下划线标记表 3.5 中收益要素"−6"。

表 3.5　囚徒 1 选择"招供"时囚徒 2 的最佳选择

囚徒 1	囚徒 2	
	招供	不招供
招供	−6，<u>−6</u>	0，−10
不招供	−10，0	−1，−1

当囚徒 1 选择不招供时，囚徒 2 最好选择招供。从矩阵 [0，−1] 中，囚徒 2 可以免除监狱监禁。因此，通过下划线标记表 3.6 中收益要素"0"。

表 3.6　囚徒 1 选择"不招供"时囚徒 2 的最佳选择

囚徒 1	囚徒 2	
	招供	不招供
招供	−6，−6	0，−10
不招供	−10，<u>0</u>	−1，−1

所有选择的最优收益见表 3.7，并用下划线进行标识。如果同一个框中的收益都有下划线，则认为相应的策略都是博弈中的主导策略。

表 3.7　囚徒 1 选择"不招供"时囚徒 2 的所有最佳选择

囚徒 1	囚徒 2	
	招供	不招供
招供	<u>−6</u>，<u>−6</u>	<u>0</u>，−10
不招供	−10，<u>0</u>	−1，−1

在"囚徒困境"中，很明显，只有一个盒子里两个收益都有下划线，对应的是两个

囚徒都采取招供策略，这也就是该博弈过程的纳什均衡点。因此纳什均衡在这个博弈中是独一无二的。

然而，这个结果似乎不是一个最优的解决方案。因为如果两个囚徒都选择"招供"，那么该策略导致的整体收益为（−6，−6），这比双方都选择"不招供"时的回报收益（−1，−1）更低。这是因为在非合作博弈中，个体理性决策可能优于群体理性决策。这里，它假设个人行为完全只是出于自身利益考虑（Romp，1997；Thomas，2003）。相比之下，如果囚徒在合作博弈领域签订有约束力和可执行的协议，这样两名囚徒最好的选择是不招供。由于个人被认为以自愿而不是强制性的方式选择，非合作博弈论研究在经济活动中更为普遍（Romp，1997）。因此，以下将博弈论应用于利益关联主体互动分析的研究都是基于自愿方式选择，隶属于非合作博弈。

3.2.2　博弈分析的图解法

纳什定理认为，任何具有有限数量的纯策略的双人博弈（零和或非零和）都至少有一个均衡对。假设一对策略 $x^* \in X$，$y^* \in Y$ 是一个非零和对策的平衡对策略，对于任意 $x \in X, y \in Y$，都应满足充要条件：

$$e_1(x^*, y^*) \geq e_1(x, y^*) \tag{3.1}$$

$$e_2(x^*, y^*) \geq e_2(x^*, y) \tag{3.2}$$

"囚徒困境"博弈仍然使用纳什定理来找出所有的平衡对。为便于计算，"囚徒困境"的一般形式（表 3.2）可用以下的矩阵形式表示：

$$\begin{bmatrix} (-6, -6) & (0, -10) \\ (-10, 0) & (-1, -1) \end{bmatrix}$$

在本例中，假设囚徒 1 和囚徒 2 的混合策略分别为 $(x, 1-x)$ 和 $(y, 1-y)$。根据式（3.1），对于一个特定的 y，它是一个平衡对的一部分，x 可以使 $e_1(x, y)$ 最大化，因此，x 必须是 y 的同伴。如果 $x = 1$，意味着不管 y 是什么，囚徒 1 都应该选择招供作为单纯的策略。因此，一旦选择了招供，囚徒 1 的预期收益应该小于或等于收益，其表达式如下：

$$e_1(x, y) \geq e_1(1, y) \tag{3.3}$$

式中，$e_1(x, y)$ 可表示为

$$e_1(x, y) = -6xy + 0x(1-y) - 10(1-x)y - 1(1-x)(1-y) = 3y(x-3) + (x-1) \tag{3.4}$$

设 $x = 1$，代入式（3.4）和式（3.3），可以变换成如下不确定形式的表达式：

$$3y(x-3) + (x-1) \geq -6y \tag{3.5}$$

通过进一步的数学简化，将式（3.5）的类似项合并，得到最终的表达式如下：

$$3(x-1)\left(y+\frac{1}{3}\right) \geqslant 0 \qquad (3.6)$$

根据 x 和 y 的约束条件，当且仅当 $x=1$ 时，可以求解以下线性不等式：

$$\begin{cases} 3(x-1)\left(y+\dfrac{1}{3}\right) \geqslant 0 \\[2mm] 0 \leqslant x \leqslant 1 \\[2mm] 0 \leqslant y \leqslant 1 \end{cases} \qquad (3.7)$$

类似地，任何固定的 x, y 都可以使 $e_2(x, y)$ 最大化。如果 x 是平衡对策略的一部分，那么 y 应该是它的伙伴。如果 $y=1$，意味着不管 x 是什么，因徒 2 都会选择招供作为单纯的策略。因此，因徒 2 的预期收益应小于或等于选择招供的收益。该表达式应该满足以下关系：

$$e_2(x, y) \geqslant e_2(x, 1) \qquad (3.8)$$

其中，$e_2(x, y)$ 可表示如下：

$$e_2(x, y) = -6xy - 10x(1-y) + 0(1-x)y - 1(1-x)(1-y) = 3x(y-3) + (y-1) \qquad (3.9)$$

令 $y=1$，代入式（3.9）和式（3.8），可以变换成如下不确定形式的表达式：

$$3x(y-3) + (y-1) \geqslant -6x \qquad (3.10)$$

通过进一步的数学简化，将式（3.10）的类似项合并，得到最终的表达式如下：

$$3(y-1)\left(x+\frac{1}{3}\right) \geqslant 0 \qquad (3.11)$$

根据 x 和 y 的约束条件，当且仅当 $y=1$ 时，可以求解以下线性不等式：

$$\begin{cases} 3(y-1)\left(x+\dfrac{1}{3}\right) \geqslant 0 \\[2mm] 0 \leqslant x \leqslant 1 \\[2mm] 0 \leqslant y \leqslant 1 \end{cases} \qquad (3.12)$$

因此，$(x, y) = (1, 1)$ 应该是由式（3.7）和式（3.12）获得的唯一纳什均衡，其中相应的收益为（-6，-6），这意味着每个因徒应该被判处 6 年监禁，平衡对如图 3.1 所示。此外，纳什均衡反映了因徒双方决定选择招供的概率为 1，而选择不招供的概率为 0。

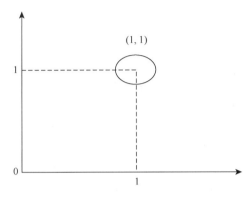

图 3.1　"囚徒困境"的平衡对

"囚徒困境"是一种纯粹的策略博弈，它表现出严格的主导策略。消除主导策略和图解法两种方法都表明，在非合作博弈的背景下，最优策略都是招供。然而，"囚徒困境"是博弈分析中最简单的情况，参与碳标签产品市场的利益相关者之间的实际博弈更为复杂，这在 3.3~3.5 节中进一步讨论。

3.2.3　小结

本节以经典博弈"囚徒困境"为例，详细说明如何将博弈论应用于决策分析。尽管"囚徒困境"博弈分析比较简单，但是实用性非常强，任何博弈分析都可以把"囚徒困境"作为一个类比。博弈问题一般可以通过纳什均衡的识别来进行求解，以预测所有相关参与者的策略行为。消除主导策略和图解法是求解纳什均衡的两种基本方法。以下几节将介绍推广碳标签策略中的博弈行为，系统展示如何应用博弈论来更好地理解利益关联主体之间的互动，同时讨论消费者、企业和政府各相关参与者可能的最佳策略选择。

3.3　消费者与企业间的博弈

在发展碳标签产品市场的过程中，企业和消费者发挥着同样重要的作用，两者的策略行为可能会相互影响。本节应用博弈论来分析说明两个参与者之间的相互作用，并模拟碳标签产品市场的可能发展趋势，旨在为企业的低碳生产转型提供理论依据，提高消费者的绿色消费意识，从而促进可持续发展。

经典博弈分析中有一个假设限制，即参与者是完全理性地采取决策。由于在现实中参与者并非完全理性，本节构建一个演化博弈来研究参与者策略行为的转变，以确定低碳消费和生产的最佳策略。

演化博弈论关注的是冲突参与者之间的互动，其策略行为直接影响他们的收益（Zhao et al.，2016）。演化博弈论的本质是求取参与者所采取的策略行为的概率，以此作为博弈过程中决策的标准（Ji et al.，2015）。它可以进一步描述策略行为的变化与相应的收益波动之间的复杂关系，是反映参与者之间合作或竞争的有力工具（Tian et al.，2014），该理论已被广泛应用于技术创新、电力管理、资源管理、供应链管理等多个研究领域。

　　系统动力学可以帮助决策者加深对系统复杂反馈结构的理解（Kreng and Wang，2013；Yunna et al.，2015）。博弈求解过程是从每个参与者可能选择的策略行为中做出特定的预测，这个解最终由一个平衡状态（即纳什均衡）表示，涉及的动态和瞬态变换经常被忽略（Kim and Kim，1997）。系统动力学通过其非线性特征可视化模拟具体的博弈场景来解决这一问题（Suryani et al.，2010）。

3.3.1　博弈论模型

　　本节研究考虑由消费者和企业两个参与者组成的博弈过程。假设双方都是具有有限理性的经济人，通过持续性地比较得失来确定其最佳行动策略。企业有两种策略选择：一是使用碳标签，即将基于生命周期的碳排放标记在其产品上，以达到节能减排的效果；二是不使用任何碳标签。企业是否使用碳标签，受成本、经济效益和政策激励的影响。消费者也有两个策略选择：一是购买碳标签的产品；二是不购买碳标签的产品。消费者在购买时考虑的关键因素是他们支出的费用和产品质量。

　　基于上述策略，本节提出模型构建的五个假设，详细如下（需要注意的是，以下假设中列出的所有参数都是非负的）。

　　H1：当企业不使用碳标签时，企业的单位生产成本为 Ca，销售单价为 Pa；企业采用碳标签时，企业单位生产成本变为 Cb，销售单价为 Pb。两者满足方程 Cb＞Ca，Pb≥Pa。这两种产品之间的区别在于成本和价格。

　　H2：为了鼓励实施碳标签计划，对于开展碳标签认证的企业，政府对其单位生产成本 Sm 提供相应的补贴。

　　H3：消费者购买带有碳标签的产品可能会带来直接和间接的利益。直接利益为有政府提供的单价补贴 Sc；间接利益为单位心理价格（Pw）和实际价格（P）之间的差值 Pw–P。

　　H4：消费者的心理价格被认为是他们支付的意愿，即消费者愿意为产品支付的价格，这由他们的感知判断决定（Johnstone and Tan，2015）。假设单位心理价格 Pw 受三个因素的影响：①产品的使用价值 $g \in [0,1]$，表明产品满足消费者的需求，这与碳标签无关；②产品的绿色感知 $E \in [0,10]$，代表消费者对产品环保性的主观判断，这受消费者的环境知识、意识、教育水平等影响（Tan et al.，2016）。当 $E = 0$ 时，该产品没有碳标签；③消费者对风险的感知 $R \in [0,10]$，可以理解为消费者对产品的信任，或其对购买碳标签产品的主观判断，这与消费者的购买体验、产品信息、品牌声誉等有关（Zhao and Zhong，2015）。感知风险对心理价格有负面影响，对于未包含碳标签的产品，$R = 0$。消费者的单位心理成本可以表示为

$$Pw = (g + E - R)k \tag{3.13}$$

式中，k 是指综合支付费用，即消费者愿意为单位产品支付的价格。

　　H5：企业采取策略行为 L1（使用碳标签）的概率为 θ；企业采取策略行为 L2（不使用碳标签）的概率为 $1-\theta$，其中 $0 \leqslant \theta \leqslant 1$。消费者采取策略行为 B1（购买）的概率为 γ；

消费者采取策略行为 B2（不购买）的概率为 $1-\gamma$，其中 $0 \leqslant \gamma \leqslant 1$。企业和消费者的进化博弈收益矩阵见表 3.8。

表 3.8　企业和消费者的进化博弈收益矩阵

企业	消费者	
	购买（γ）	不购买（$1-\gamma$）
使用碳标签 （θ）	$\begin{pmatrix} \text{Sm} + \text{Pb} - \text{Cb}, \\ \text{Sc} + (g + E - R)k - \text{Pb} \end{pmatrix}$	$(\text{Sm} - \text{Cb}, -Rk)$
不使用碳标签 （$1-\theta$）	$(\text{Pa} - \text{Ca},\ gk - \text{Pa})$	$(-\text{Ca}, 0)$

根据表 3.8，企业选择使用碳标签和不使用碳标签的预期收益为 E_{L1} 和 E_{L2}，平均收益为 E_L，可以根据式（3.14）~式（3.16）进行计算。

$$E_{L1} = \gamma(\text{Sm} + \text{Pb} - \text{Cb}) + (1 - \gamma)(\text{Sm} - \text{Cb}) = \gamma\text{Pb} + \text{Sm} - \text{Cb} \tag{3.14}$$

$$E_{L2} = \gamma(\text{Pa} - \text{Ca}) + (1 - \gamma)(-\text{Ca}) = \gamma\text{Pa} - \text{Ca} \tag{3.15}$$

$$E_L = \theta E_{L1} + (1 - \theta)E_{L2} = \theta\gamma(\text{Pb} - \text{Pa}) + \theta(\text{Sm} + \text{Ca} - \text{Cb}) + \gamma\text{Pa} - \text{Ca} \tag{3.16}$$

由式（3.14）~式（3.16）得到企业策略行为的演化动态方程：

$$F(\theta) = \frac{\mathrm{d}\theta}{\mathrm{d}t} = \theta(E_{L1} - E_L) = \theta(1 - \theta)[\gamma(\text{Pb} - \text{Pa}) + \text{Sm} + \text{Ca} - \text{Cb}] \tag{3.17}$$

同样，消费者在选择购买和不购买时的预期收益分别为 E_{B1} 和 E_{B2}，平均收益为 E_B，可以根据式（3.18）~式（3.20）进行计算：

$$E_{B1} = \theta[\text{Sc} + (g + E - R)k - \text{Pb}] + (1 - \theta)(gk - \text{Pa})$$

$$= \theta[\text{Sc} + (E - R)k - \text{Pb} + \text{Pa}] + gk - \text{Pa} \tag{3.18}$$

$$E_{B2} = \theta(-Rk) + (1 - \theta) \cdot 0 = -\theta Rk \tag{3.19}$$

$$E_B = \gamma E_{B1} + (1 - \gamma)E_{B2} = \gamma\theta(\text{Sc} + Ek - \text{Pb} + \text{Pa}) + \gamma(gk - \text{Pa}) - \theta Rk \tag{3.20}$$

由式（3.18）~式（3.20）得到消费者策略行为的演化动态方程：

$$F(\gamma) = \frac{\mathrm{d}\gamma}{\mathrm{d}t} = \gamma(E_{B1} - E_B) = \gamma(1 - \gamma)[\theta(\text{Sc} + Ek - \text{Pb} + \text{Pa}) + gk - \text{Pa}] \tag{3.21}$$

根据博弈论理论，本书利用 Stella9.1.4 软件进一步构建一个系统动力学模型来调查两个参与者的博弈行为变化，如图 3.2 所示。系统动力学模型的外部变量与博弈模型假设中建立的变量一致，其他变量见表 3.9。

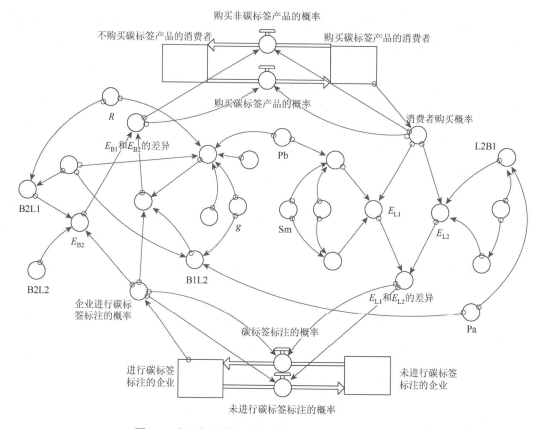

图 3.2　企业与消费者之间演化博弈的系统动力学模型

表 3.9　系统动力学模型的变量列表

变量	说明	变量	说明
B1L1	当企业使用碳标签时，对消费者购买的收益	L1B1	当消费者购买时，使用碳标签的企业的收益
B1L2	当企业不使用碳标签时，对消费者购买的收益	L1B2	当消费者不购买时，使用碳标签的企业的收益
B2L1	当企业使用碳标签时，对消费者不购买的收益	L2B1	当消费者购买时，不使用碳标签的企业的收益
B2L2	当企业不使用碳标签时，对消费者不购买的收益	L2B2	当消费者不购买时，不使用碳标签的企业的收益
E_{B1}	消费者在选择购买时所获得的预期收益	E_{L1}	使用碳标签对企业的预期收益
E_{B2}	消费者在选择不购买时所获得的预期收益	E_{L2}	不使用碳标签对企业的预期收益

变量	说明
E_{B1} 和 E_{B2} 的差异	消费者的购买行为和不购买行为的预期收益之间的差异
E_{L1} 和 E_{L2} 的差异	企业使用碳标签与不使用碳标签的预期收益的差异
消费者购买概率	消费者选择购买行为的概率 γ
企业进行碳标签标注的概率	企业选择碳标签行动的概率 θ
碳标签购买率	消费者采取购买行动的变化率 $d\gamma / dt$
碳标签率	企业采取碳标签行动的变化率 $d\theta / dt$

3.3.2　演化稳定性理论

本小节分别对企业和消费者的策略行为进行稳定性分析，为双方创造产生混合策略的场景条件。混合策略是指博弈中至少有一个参与者将部分或所有的单纯策略进行随机化。例如，用策略选择替代概率分布（Gintis，2009），可以避免由单纯策略指定博弈结果。例如，消费者坚定地选择购买碳标签产品的行为，这就表明消费者的首选策略行为具有很强的主导地位。

由式（3.17）可知，如果 $\gamma = \dfrac{Cb - Ca - Sm}{Pb - Pa}$，则 $F(\theta) = 0$，这表明每个 θ 都是稳定的；如果 $\gamma \neq \dfrac{Cb - Ca - Sm}{Pb - Pa}$，$F(\theta) = 0$，则表明有 $\theta = 0$ 和 $\theta = 1$ 两个稳定点。演化稳定策略要求 $F'(\theta) < 0$，$F(\theta)$ 的导数表示为

$$F'(\theta) = \frac{dF(\theta)}{d\theta} = (1 - 2\theta)[\gamma(Pb - Pa) + Sm + Ca - Cb] \qquad (3.22)$$

根据 H1，$Pb \geqslant Pa$，这可以划分不同的情况。

1）如果 $Pb = Pa$

（1）当 $Sm + Ca - Cb > 0$，$F'(\theta)\big|_{\theta=0} > 0$，以及 $F'(\theta)\big|_{\theta=1} < 0$ 时，则 $\theta = 1$ 是演化稳定策略。

（2）当 $Sm + Ca - Cb < 0$，$F'(\theta)\big|_{\theta=0} < 0$，以及 $F'(\theta)\big|_{\theta=1} > 0$ 时，则 $\theta = 0$ 是演化稳定策略。

2）如果 $Pb > Pa$

（1）当 $Cb - Ca - Sm < 0$，$\dfrac{Cb - Ca - Sm}{Pb - Pa} < 0$，常数 $\gamma > \dfrac{Cb - Ca - Sm}{Pb - Pa}$ 时，则 $\theta = 1$ 是演化稳定策略。

（2）当 $Cb - Ca - Sm > Pb - Pa > 0$，$\dfrac{Cb - Ca - Sm}{Pb - Pa} > 1$，常数 $\gamma < \dfrac{Cb - Ca - Sm}{Pb - Pa}$ 时，则 $\theta = 0$ 是演化稳定策略。

（3）当 $Pb - Pa > Cb - Ca - Sm > 0$ 时，如果 $\gamma > \dfrac{Cb - Ca - Sm}{Pb - Pa}$，$F'(\theta)\big|_{\theta=0} > 0$，$F'(\theta)\big|_{\theta=1} < 0$，则 $\theta = 1$ 是演化稳定策略；如果 $\gamma < \dfrac{Cb - Ca - Sm}{Pb - Pa}$，$F'(\theta)\big|_{\theta=0} < 0$，$F'(\theta)\big|_{\theta=1} > 0$，则 $\theta = 0$ 是演化稳定策略。

由式（3.21）可知，如果 $\theta = \dfrac{gk - Pa}{Pb - Pa - Sc - Ek}$，则 $F(\gamma) = 0$，表明每个 γ 都是稳定的；如果 $\theta \neq \dfrac{gk - Pa}{Pb - Pa - Sc - Ek}$，则 $F(\gamma) = 0$，表明存在 $\gamma = 0$ 和 $\gamma = 1$ 两个稳定点。演化稳定策略要求 $F'(\gamma) < 0$，$F(\gamma)$ 的导数表示为

$$F'(\gamma) = \frac{\mathrm{d}F(\gamma)}{\mathrm{d}\gamma} = (1-2\gamma)[\theta(\mathrm{Sc} + Ek + \mathrm{Pa} - \mathrm{Pb}) + gk - \mathrm{Pa}] \tag{3.23}$$

本节只关注消费者打算购买碳标签产品的条件，即 $gk \geqslant \mathrm{Pa}$，可以划分为不同情况。

1）如果 $gk = \mathrm{Pa}$

（1）当 $\mathrm{Sc} + Ek + \mathrm{Pa} - \mathrm{Pb} < 0$，$F'(\gamma)\big|_{\gamma=0} < 0$，以及 $F'(\gamma)\big|_{\gamma=1} > 0$ 时，则演化稳定策略是 $\gamma = 0$。

（2）当 $\mathrm{Sc} + Ek + \mathrm{Pa} - \mathrm{Pb} > 0$，$F'(\gamma)\big|_{\gamma=0} > 0$，以及 $F'(\gamma)\big|_{\gamma=1} < 0$ 时，则演化稳定策略是 $\gamma = 1$。

2）如果 $gk > \mathrm{Pa}$

（1）当 $\mathrm{Pb} - \mathrm{Pa} - \mathrm{Sc} - Ek < 0$，$\dfrac{gk - \mathrm{Pa}}{\mathrm{Pb} - \mathrm{Pa} - \mathrm{Sc} - Ek} < 0$，常数 $\theta > \dfrac{gk - \mathrm{Pa}}{\mathrm{Pb} - \mathrm{Pa} - \mathrm{Sc} - Ek}$ 时，则演化稳定策略是 $\gamma = 1$。

（2）当 $0 < \mathrm{Pb} - \mathrm{Pa} - \mathrm{Sc} - Ek < gk - \mathrm{Pa}$，$\dfrac{gk - \mathrm{Pa}}{\mathrm{Pb} - \mathrm{Pa} - \mathrm{Sc} - Ek} > 1$，常数 $\theta < \dfrac{gk - \mathrm{Pa}}{\mathrm{Pb} - \mathrm{Pa} - \mathrm{Sc} - Ek}$ 时，则演化稳定策略是 $\gamma = 0$。

（3）当 $0 < gk - \mathrm{Pa} < \mathrm{Pb} - \mathrm{Pa} - \mathrm{Sc} - Ek$ 时，如果 $\theta > \dfrac{gk - \mathrm{Pa}}{\mathrm{Pb} - \mathrm{Pa} - \mathrm{Sc} - Ek}$，$F'(\gamma)\big|_{\gamma=0} > 0$，$F'(\gamma)\big|_{\gamma=1} < 0$，则演化稳定策略是 $\gamma = 1$；如果 $\theta < \dfrac{gk - \mathrm{Pa}}{\mathrm{Pb} - \mathrm{Pa} - \mathrm{Sc} - Ek}$，$F'(\gamma)\big|_{\gamma=0} < 0$，$F'(\gamma)\big|_{\gamma=1} > 0$，则演化稳定策略是 $\gamma = 0$。

从以上分析可以看出，在不同的初始条件下，每个参与者都有不同的演化稳定策略。本书研究结合实际情况，着重分析混合策略行为在特定条件（即 $0 < \dfrac{gk - \mathrm{Pa}}{\mathrm{Pb} - \mathrm{Pa} - \mathrm{Sc} - Ek} < 1$ 和 $0 < \dfrac{\mathrm{Cb} - \mathrm{Ca} - \mathrm{Sm}}{\mathrm{Pb} - \mathrm{Pa}} < 1$）下的稳定性。

雅可比矩阵的局域稳定性可以用来判断纳什均衡的稳定性，纳什均衡是一种稳定状态。博弈过程是从每个参与者可能选择的策略行为中给出唯一的预测策略，相对于所有其他参与者选择的策略来说，该预测策略应该是最佳策略（Nash，1951）。在无限重复博弈中，严格控制极小极大分布的任何可行收益分布都是纳什均衡，这表明任何策略博弈至少有一个纳什均衡（Li et al.，2016）。当均衡点满足矩阵行列式 $\det(J) > 0$，且矩阵轨迹 $\mathrm{tr}(J) < 0$ 时，可将其视为局部稳定不动点，对应于演化稳定策略，表现出良好的鲁棒性（Friedman，1991）。在这种情况下，演化博弈中的演化稳定状态是纳什均衡的子集（Cressman，2003）。

令 $X = \begin{bmatrix} F(\theta) \\ F(\gamma) \end{bmatrix} = f(X) = 0$，则博弈的均衡点为

$$X_1 = \begin{bmatrix} 0 \\ 0 \end{bmatrix},\ X_2 = \begin{bmatrix} 0 \\ 1 \end{bmatrix},\ X_3 = \begin{bmatrix} 1 \\ 0 \end{bmatrix},\ X_4 = \begin{bmatrix} 1 \\ 1 \end{bmatrix},\ X_5 = \begin{bmatrix} \theta^* \\ \gamma^* \end{bmatrix} = \begin{bmatrix} \dfrac{gk - \mathrm{Pa}}{\mathrm{Pb} - \mathrm{Pa} - \mathrm{Sc} - Ek} \\ \dfrac{\mathrm{Cb} - \mathrm{Ca} - \mathrm{Sm}}{\mathrm{Pb} - \mathrm{Pa}} \end{bmatrix}$$

式中，$0 < \dfrac{gk - \mathrm{Pa}}{\mathrm{Pb} - \mathrm{Pa} - \mathrm{Sc} - Ek} < 1, \; 0 < \dfrac{\mathrm{Cb} - \mathrm{Ca} - \mathrm{Sm}}{\mathrm{Pb} - \mathrm{Pa}} < 1$。

雅可比行列式表示为

$$
J(X) = \frac{\partial f(X)}{\partial X} = \begin{bmatrix} \dfrac{\partial F(\theta)}{\partial \theta} & \dfrac{\partial F(\theta)}{\partial \gamma} \\[2mm] \dfrac{\partial F(\gamma)}{\partial \theta} & \dfrac{\partial F(\gamma)}{\partial \gamma} \end{bmatrix}
$$

$$
= \begin{bmatrix} (1 - 2\theta) \begin{bmatrix} \gamma(\mathrm{Pb} - \mathrm{Pa}) + \\ \mathrm{Sm} + \mathrm{Ca} - \mathrm{Cb} \end{bmatrix} & \theta(1 - \theta)(\mathrm{Pb} - \mathrm{Pa}) \\[4mm] \gamma(1 - \gamma)(\mathrm{Sc} + Ek + \mathrm{Pa} - \mathrm{Pb}) & (1 - 2\gamma)\begin{bmatrix} \theta(\mathrm{Sc} + Ek - \mathrm{Pb} + \mathrm{Pa}) \\ + gk - \mathrm{Pa} \end{bmatrix} \end{bmatrix}
$$

均衡点的稳定性见表 3.10。在这个博弈中，有四个鞍点（$X_1 \sim X_4$）以及一个中心点 X_5。

表 3.10　平衡点的稳定性分析 1

平衡点	det(J)	tr(J)	结果
(0, 0)	—	不确定	鞍点
(0, 1)	—	不确定	鞍点
(1, 0)	—	不确定	鞍点
(1, 1)	—	不确定	鞍点
$\left(\dfrac{gk - \mathrm{Pa}}{\mathrm{Pb} - \mathrm{Pa} - \mathrm{Sc} - Ek}, \dfrac{\mathrm{Cb} - \mathrm{Ca} - \mathrm{Sm}}{\mathrm{Pb} - \mathrm{Pa}} \right)$	+	0	中心点

3.3.3　演化稳定性分析

将企业纳什均衡值 θ^* 作为消费者策略行为相关的概率的初始值，其中消费者策略行为的初始值分别设为 $\gamma = 0.3$ 和 $\gamma = 0.7$。由图 3.3 可知，消费者选择购买碳标签产品的概率在整个模拟期间不断波动，无法接近中心点 X_5。此外，对于不同的初始值 γ，如 $\gamma = 0.3$（曲线 1）和 $\gamma = 0.7$（曲线 2），波动的程度也有所不同。随着博弈次数的增加，波动程度明显呈上升趋势。

碳标签产品是市场上新出现的产品，消费者和企业可能都有不同程度的感知风险（Zhao et al.，2016）。例如，消费者可能对碳标签产品的性能感到不确定，因为当前标签上的信息可能不能提供足够有意义的低碳信息（Zhao et al.，2012a）。企业自愿实施碳标签计划，任何变化都可能产生经济风险（Zhao et al.，2017）。在这种情况下，博弈双方参与者在博弈初始阶段接受碳标签产品的意愿都很低。当双方参与者都将 0.3 作为其策略选择概率值的初始值时（即 $X_5 = 0.3$），博弈的演化过程如图 3.4 所示。由图 3.4 可以看出，演化过程从初始值开始周期性地呈圆形，这反映出针对企业和消费者的策略行为受周期性变化的约束，不存在演化稳定的均衡。任何外部干扰都有可能会影响到参与者的决策。

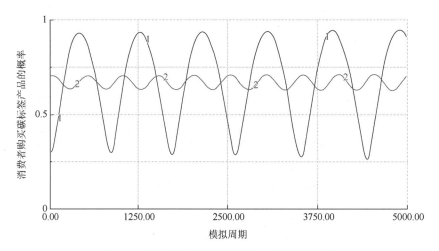

图 3.3　消费者选择购买碳标签产品的演化过程

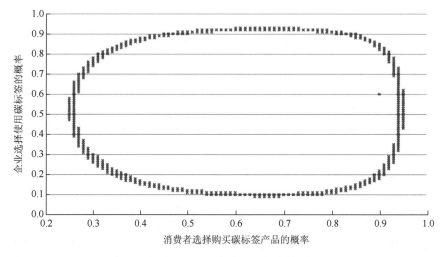

图 3.4　混合战略行动的演化过程

3.3.4　政府补贴激励措施的影响

从以上分析来看，仅仅依靠消费者和企业双方的自身意愿来发展碳标签市场，是难以形成稳定均衡的。在此背景下，可以引入政府补贴机制，即政府对采用碳标签的企业实施动态补贴，鼓励企业的低碳生产。研究表明，激励机制（特别是财政补贴）可以有效地促进碳标签实践，从而促进企业发展和采用绿色技术，减少碳排放（Mahlia et al.，2013；Dayaratne and Gunawardana，2015）。

在激励机制的初始阶段，政府提供较高的补贴，目的是减少企业尝试碳标签实践的额外成本。随着碳标签认证企业数量的逐渐增加，政府可考虑降低补贴力度。假设政府向企业提供的补贴和实施标签策略的企业数量成反比，可以定义两种直接补贴，即静态补贴和动态补贴，以衡量其对企业尝试碳标签实践的影响。对于静态补贴，它在整个模拟期间被设置为一个常数，为每个碳标签产品的固定补贴，类似统一费率的补贴政策已在新兴经济体中广泛实施（Tang et al.，2015）。而动态补贴是一种灵活的财政补贴，即政府在初期提供较高的补贴，在后续阶段提供较低的补贴（Wang et al.，2014）。

在此前提下，Sm 在博弈模型中被 $S(\theta) = (1-\theta)\alpha$ 取代，其中 α 表示补贴的上限，$0 < \alpha <$ $Cb-Ca$。类似于 3.3 节中的分析，平衡点的稳定性分析见表 3.11。在这个博弈中，消费者和企业之间的博弈仍然有四个鞍点，即 X_1、X_2、X_3 和 X_4。然而，X_5 已经转化为一个渐近稳定的不动点。

表 3.11　平衡点的稳定性分析 2

平衡点	det(J)	tr(J)	结果
(0，0)	—	不确定	鞍点
(0，1)	—	不确定	鞍点
(1，0)	—	不确定	鞍点
(1，1)	—	不确定	鞍点
$\left(\dfrac{gk-Pa}{Pb-Pa-Sc-Ek}, \dfrac{Cb-Ca-S(\theta'')}{Pb-Pa} \right)$	+	—	演化稳定策略

图 3.5 为企业策略行为在动态补贴（曲线 1）和静态补贴（曲线 2）条件下的演变过程。在静态补贴方面，企业选择使用碳标签的概率会随着博弈次数的增加而波动；而在动态补贴中，概率在初始阶段波动，而后逐渐趋于稳定，最终收敛于纳什均衡。

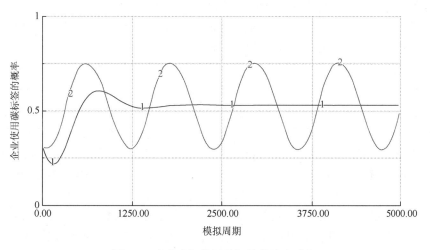

图 3.5　企业选择使用碳标签的演变过程

图 3.6 为在动态补贴下，企业和消费者两个参与者的策略行为初始值概率为 0.3 的演化过程。很明显，博弈演变为螺旋模式，随着博弈次数的增加，逐渐收敛到纳什均衡。这表明，实施动态补贴后，博弈具有渐近稳定性。

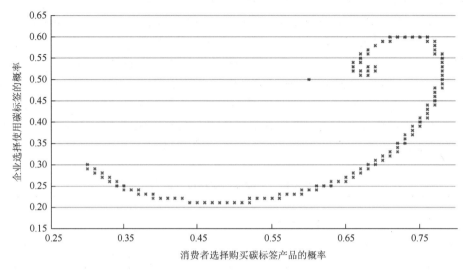

图 3.6　动态补贴下混合战略行动的演变过程

3.3.5　小结

通过对演化稳定策略的稳定性分析可以明显看出，双方的策略行为都受周期性变化的约束，这表明碳标签产品的市场容易受到激励或惩罚性政策等外部因素的影响。由于进行了动态补贴，双方的战略行动都接近演化稳定策略，表明补贴策略具有积极的激励作用。

博弈论分析表明，在一般市场条件下，具有有限理性的两个参与者很难找到均衡状态，可能的原因如下：①消费者对碳标签产品的感知相对较低，特别是存在一定的溢价，这可能导致购买行为的不确定性（Upham et al.，2011）；②消费者购买行为的不确定性导致企业无法准确预测碳标签产品的市场需求。

在这种情况下，进一步建议消费者接受更好的教育，培养积极的环境意识。同时鼓励有积极环境意识的消费者作为购买碳标签产品的第一批尝试者，然后向其他消费者反馈购买经验和信息，以促进低碳消费。随着人们绿色消费意识的提高，企业可能会以销售绿色产品（如碳标签产品）的方式承担额外的社会责任，采用绿色低碳生产技术最终升级转变为绿色企业（Zhao et al.，2013）。这样，更多的企业不仅关注改善自身内部环境绩效，还会主动寻求外部供应链低碳发展的机会（Su and He，2010；Thongplew et al.，2014）。此外，政府作为社会引导者，对指导绿色企业转型发挥重要作用，最终实现社会可持续发展（Michelsen and de Boer 2009；Zhu et al.，2013）。本节以动态补贴为例，证明政府的激励政策可以对碳标签产品市场产生积极的促进作用，有效地帮助消费者和企业在短期内实现均衡。

3.4　企业间的博弈

本节提出一种演化博弈论模型，以模拟企业对部分政府政策措施（如与碳标签实施相关的财政补贴和税收等）可能采取的对策行为，并应用系统动力学来运行这个博弈模型。设计场景中企业决策行为取决于个人和政策的干预作用。博弈论的应用有望帮助企业采取积极碳标签实践，同时也为促进低碳的可持续性政策设计提供科学建议。

3.4.1　基于博弈论的系统动力学模型

如图 3.7 所示，组织行为受竞争、政策手段和消费需求等内部因素和外部因素的直接作用（Tian et al.，2014）。参与博弈的利益主体（如市场上的企业）都被认为是有限理性的。假设每家企业都有两种策略选择：第一种是实施碳标签方案（以下简称"实施"），包括实施碳标签认证、低碳生产技术等（Shuai et al.，2014）；第二种是不实施碳标签方案（以下简称"不实施"）。表 3.12 为两个参与者的收益矩阵。

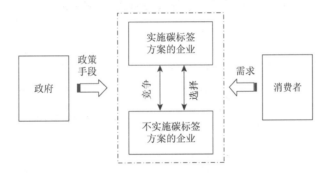

图 3.7　企业行为的驱动因素

表 3.12　企业收益矩阵情况表

企业 1	企业 2	
	实施	不实施
实施	$(P_{11}-C_{11}+S_t)\times\left[D(\xi_1^1)+D(S_t)\right]+\Pi_1^k$; $(P_{21}-C_{21}+S_t)\times\left[D(\xi_2^1)+D(S_t)\right]+\Pi_2^k$	$(P_{12}-C_{12}+S_t)\times\left[D(\xi_1^2)+D(S_t)\right]+\Pi_1^k$; $(P_{22}-C_{22})\times D(\xi_2^2)$
不实施	$(P_{13}-C_{13})\times D(\xi_1^3)$; $(P_{23}-C_{23}+S_t)\times\left[D(\xi_2^3)+D(S_t)\right]+\Pi^k$	$(P_{14}-C_{14})\times D(\xi_1^4)$; $(P_{24}-C_{24})\times D(\xi_2^4)$

在表 3.12 中，i 表示市场上具有竞争力的某个企业，$i=1，2$；j 表示基于不同策略选择实施碳标签方案的企业数量，$j=1，2，3，4$；t 表示不同类型的补贴，$t=1，2$；k 表示

不同类型的税率，$k = 1$，2，3，4；ξ_i^j 表示基于第 j 个市场情景的第 i 家企业的市场份额；P_{ij} 表示第 i 家企业根据第 j 个市场情景提供的产品单价；C_{ij} 表示基于第 i 家企业在第 j 个市场情景的单位生产成本；S_t 表示第 t 类补贴（无论是补贴企业还是消费者）；$\prod_i^k$ 表示第 k 类税率对第 i 家企业的减税；$D(\xi_i^j)$ 表示基于第 j 市场情景的第 i 家企业的产品需求；$D(S_t)$ 表示第 t 类消费者补贴下不断增加的产品需求。

x_i 表示选择实施策略的企业在所有企业中的比例，则选择不实施的企业比例为 $1-x_i$。企业选择实施的预期收益为 U_{Ei}，企业平均预期收益为 $\bar{U}$，选择不实施的预期收益为 U_{EN}。实施和不实施策略的动力学方程如下：

$$\frac{\mathrm{d}x_i}{\mathrm{d}t} = x_i(U_{Ei} - \bar{U}) = x_i(1-x_i)(U_{Ei} - U_{EN}) \tag{3.24}$$

$$\frac{\mathrm{d}(1-x_i)}{\mathrm{d}t} = (1-x_i)(U_{EN} - \bar{U}) = (1-x_i)x_i(U_{EN} - U_{Ei}) \tag{3.25}$$

根据参与者之间互动产生的不同策略，构建多场景模式。系统动力学用于构建场景分析的因果循环系统（Yunna et al.，2015）。系统动力学模型由企业子系统和消费者子系统两个子系统组成，如图 3.8 所示。消费者对碳标签产品的偏好可能会对企业的收入有很大影响。此外，政府政策在两个子系统中都被设置为可调节变量。

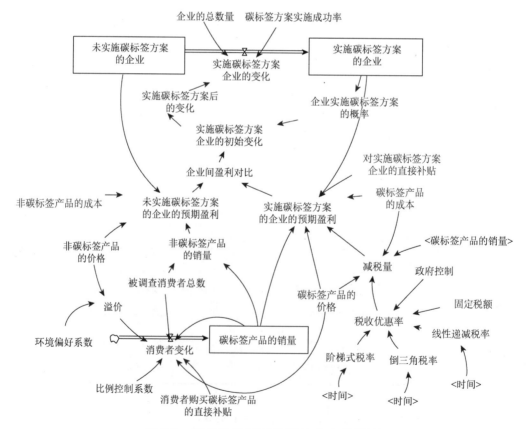

图 3.8　基于进化博弈的系统动力学模型

企业通过改变其实施碳标签方案的数量来影响碳标签方案的实施，这是由动力学方程式（3.24）所决定的。在现实中，企业可能需要一些时间来实施新的策略行动（Zhu and Sarkis，2006），因此在所提出的模型中引入延迟函数。根据 Dowlatshahi（2005）的研究，本书将延迟函数设置为 3 个月。此外，所选择的策略通常会受到企业的能力、资源和市场力量的影响（Tian et al.，2014），因此，本书使用 γ 来表示碳标签方案实施的成功率。根据 Koufteros 等（2005）的研究，新产品开发的成功率为 60%～80%。因此，本书研究中 γ 的最大值为 1，平均值为 0.7。

该系统的主要方程式如下：

$$EEI = INTEG(RC, \text{ initial value}) \tag{3.26}$$

$$RC = DBC \times TNE \times \gamma \tag{3.27}$$

$$DBC = DELAY1(BC, 3) \tag{3.28}$$

$$\gamma = RANDOM\ NORMAL(0,\ 1,\ 0.7,\ 0.1,\ 0) \tag{3.29}$$

$$BC = \frac{dx_i}{dt} = x_i(U_{Ei} - \bar{U}) = x_i(1 - x_i)(U_{Ei} - U_{EN}) \tag{3.30}$$

$$U_{Ei} = [(GP - GC + ES) \times GNU / EEI] + RT \tag{3.31}$$

$$U_{EN} = (OP - OC) \times (TNC - GNU) / EEN \tag{3.32}$$

式中，EEI 表示实施碳标签方案的企业数量；RC 表示实施碳标签方案企业的变化；DBC 表示实施后的变化；TNE 表示企业总数；γ 表示碳标签方案实施成功率；BC 表示实施碳标签方案企业的初始变化；GP 表示碳标签产品价格；GC 表示碳标签产品成本；ES 表示对实施碳标签方案企业的直接补贴；GNU 表示碳标签产品的销量；RT 表示税率；OP 表示非碳标签产品的价格；OC 表示非碳标签产品的成本；TNC 表示被调查消费者总数；EEN 表示未实施碳标签方案的企业数量。

客户的子系统主要包含对碳标签产品的需求，如图 3.8 所示。购买量由消费者变化的方差率控制，它可由李雅普诺夫（Lyapunov）函数定义（Kelly et al.，1998），具体如下：

$$BR = \frac{d(GNU)}{dt} = \beta \times (PR + CS - GP \times GNU) \tag{3.33}$$

式中，BR 为消费者的变化；CS 为对消费者购买碳标签产品的直接补贴；GP 为碳标签产品价格。

这里，GNU 为碳标签产品的销量，具体如下：

$$GNU = INTEG(BR, \text{初始值}) \tag{3.34}$$

PR 是溢价，可视为消费者对碳标签产品的支付意愿，具体如下：

$$PR = (1 + \theta) \times OP \tag{3.35}$$

式中，θ 为环境偏好系数；OP 为非碳标签产品的价格。

碳标签产品是否受到消费者的欢迎可能取决于他们的环境偏好，Zhao 和 Zhong（2015）认为，环境偏好较高的消费者更愿意购买绿色产品。

3.4.2 数值案例

本节以中国空调企业为例说明演化博弈模型的具体应用。在中国，空调对维持建筑内部环境的舒适是必不可少的，空调的使用占建筑能源消耗的大部分（Chua et al.，2013）。事实上，Kyle 等（2010）发现，居民降温需求与长期气候变化之间存在密切联系。过去几十年来，中国建筑业的快速发展（Chen and Groenewold，2015）也导致了空调销量的增长（图 3.9）。为了减轻气候变化的影响，中国也制定了一系列影响中国空调行业的政策。例如，珠海格力集团有限公司每年投资数十亿元，推广无氟技术在空调设计中的应用（China HVACR，2015）。此外，中国的空调企业还可以通过认证体系来评估其能源效率（Lin and Rosenquist，2008）。空调的能源效率标签是一种典型的环保标签，分为三个等级[+]（Standardization Administration of the People's Republic of China，2010）。类似地，我们采用 Zhao 等（2012a）提出的方法，将碳标签分为高、中、低三个等级，构建碳减排标签方案，如图 3.10 所示。

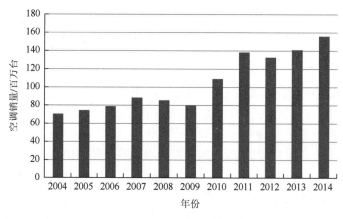

图 3.9　空调销量

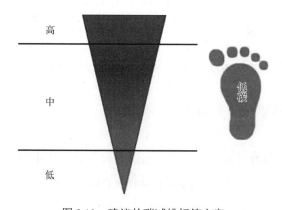

图 3.10　建议的碳减排标签方案

+ 现行标准已有五个等级。

系统动力学模型的输入参数来源于中国家用电器协会、中华人民共和国国家统计局和其他研究机构（表3.13）。2014年，空调企业数量为32家，空调销量为4390万台（National Bureau of Statistics of the People's Republic of China，2015）。由于中国尚未推出正式的碳标签方案，使用一级节能标签的企业作为碳标签的试点企业，其在2014年占市场份额的9.7%（ZOL，2015）。因此，我们定义碳标签方案试点企业的数量有3家，碳标签空调的价格比普通空调高16%（ZOL，2015）。

表 3.13　模型的输入参数

	参数	数据	单位
级别变量	EEI	3	/
	EEN	29	/
	GNU	11.5	百万台
常数	OC	5000	元
	OP	5600	元
	GC	5900	元
	GP	6500	元
	θ	0.1	/
	TNE	32	/
	TNC	43.9	百万台

补贴标准按照中华人民共和国工业和信息化部（Ministry of Industry and Information Technology of the People's Republic of China，2012）的规定执行，即企业根据相应的能效等级，对每种产品给予300~400元的补贴。Lin和Jiang（2011）指出，对不同利益主体的补贴可能会促进低碳消费和生产。同样，消费者在购买碳标签产品时也将获得补贴。按照企业补贴标准，消费者补贴为每个产品300元、350元、400元三个等级。

根据《中华人民共和国企业所得税法》，企业所得税的税率为25%。税收优惠政策在于免征一定比例的企业所得税（Huang，2006）。此外，政府对小型微利企业和高新技术企业实施税收优惠政策，税率分别为20%和15%（The Central People's Government of the People's Republic of China，2007）。然而，在中国，尚没有具体的税收优惠政策推动碳标签实施。

Elschner等（2011）和Ng等（2012）认为，减税是推动绿色发展的一种激励机制。因此，我们定义四类优惠税率，即固定税率、阶梯税率、线性递减税率和倒三角税率。在整个模拟期间，固定税率设置为20%；阶梯税率从25%开始，直到模拟的第二阶段，然后在第二阶段和第四阶段之间下降到20%，最后保持15%，直到模拟结束；线性递减税率是指税率从开始到第六阶段，从25%线性下降到15%，然后保持在15%，直到模拟结束；倒三角税率是指从开始到第三阶段，税率从25%线性下降到15%，然后上升到第六阶段的20%，在模拟的剩余时间继续保持在20%。表3.14为定义的四种税率及其对应的功能图表。

表 3.14　四种税收优惠政策的确定情况

政策变量	类别	图表	函数
优惠税率	固定税率		20%
	阶梯税率		WITHLOOKUP（time,｛[（0, 0）－（50, 0.5）], （0, 0.25）, （2, 0.25）, （2, 0.2）, （4, 0.2）, （4, 0.15）, （6, 0.15）, （50, 0.15）｝）
	线性递减税率		WITHLOOKUP（time,｛[（0, 0）－（50, 0.5）], （0, 0.25）, （6, 0.15）, （50, 0.15）｝）
	倒三角税率		WITHLOOKUP（time,｛[（0, 0）－（50, 0.5）], （0, 0.25）, （3, 0.15）, （6, 0.2）, （50, 0.2）｝）

3.4.3　模拟结果

应用 Windows 6.3 版本的 Vensim PLE 软件包进行系统动力学模型仿真。假设两种情景来调查企业在实施碳标签方案时对不同政府政策的响应。情景 1 评估企业对不同补贴和优惠税收的响应（体现在企业数量的变化上），其中政策变量是分别采用的；情景 2 评估企业对综合政策措施的响应（也体现在企业数量的变化上）。

在情景 1 中，企业数量保持在稳定水平（8 家左右），仅在初始阶段略高于 8 家（图 3.11）。将此变化趋势线设置为基准，以便与情景 2 进行比较。

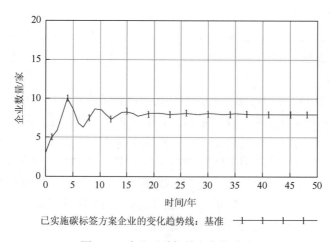

图 3.11　企业对碳标签方案的响应

　　企业的响应取决于是否采用碳标签方案。采用碳标签的企业的初始数量有所增加，因为碳标签方案的实施可以提高产品的绿色价值，提高产品竞争力，提高企业社会形象，所以企业想要通过添加碳标签来获益（Chen，2008）。然而，市场需求是业务运营的关键因素（Lin，2013），消费者的偏好是市场需求的关键驱动因素（Zhou et al.，2009）。随着低碳产品市场逐渐饱和，预期消费将会下降，导致实施碳标签方案的企业数量出现短时间内的波动（Janssen and Jager，2002）。此外，并非所有企业都愿意在产品创新中融入绿色低碳技术（Lin et al.，2013；Zhao et al.，2015）。这可以解释为什么采用碳排放标签方案的企业数量最终保持在 8 家左右。

　　图 3.12 显示，直接补贴影响企业是否实施碳标签方案。随着补贴的增加，企业数量较基准水平 10、11 和 12 分别有所增加。当给予消费者相同的补贴时，均衡值分别为 8、9 和 10。因此，给予企业的直接补贴对减排的影响远优于对消费者的直接补贴，这与 Tian

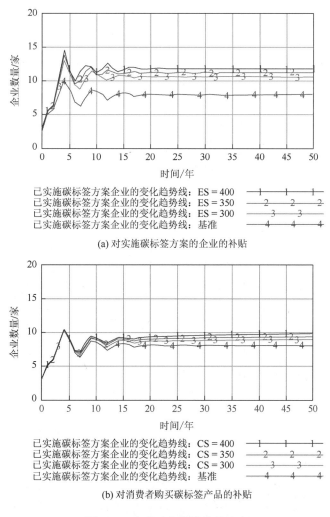

图 3.12　企业对直接补贴的响应

ES 表示实施碳标签方案的企业；CS 表示购买碳标签产品的消费者，后同

等（2014）的研究结果一致。一个可能的原因是，碳排放权分配方案直接关乎企业的发展（Zhang et al.，2015），与消费者相比，企业对激励政策更为敏感（Diamond，2009）。

图 3.13 为企业对四项税收优惠政策的响应。与其他三类优惠税收相比，固定税率促进了初期实施碳标签方案的企业数量的快速增长，但相应的均衡数是最小的。阶梯税率和线性递减税率产生了相同的均衡，但线性递减税率可以更快地鼓励企业实施碳标签方案。在这种情况下，线性递减税率的表现优于阶梯税率。当优惠税率为 20% 时，倒三角税率所施加的动态均衡接近于固定税率，但它的作用弱于阶梯税率和线性递减税率产生的作用。根据以上比较情况，线性递减税率是税收政策的最佳形式，可以促使企业更积极地参与碳标签方案的实施。

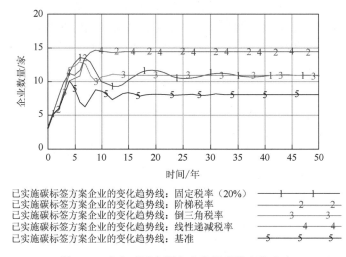

图 3.13　企业对四个预定义的优惠税率的响应

综上所述，在情景 1 中，线性递减税率和企业补贴 400 元是最优的决策。此外，模拟中，企业补贴对早期实施碳标签方案的企业促进作用较强，但均衡数较小，这反映出线性递减税率可能具有长期效力，如图 3.14 所示。这一结果验证了 Ockwell 等（2008）的研究结果，优惠税率是比财政补贴更有效的促进碳标签实施的方法。

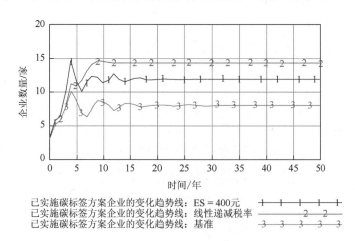

图 3.14　企业对两种最优激励政策的响应

在情景 2 中，综合两种最优激励政策调查企业的具体响应。从图 3.15 可以看出，各种联合政策的组合中，实施碳标签方案的企业数量都有相似的趋势。随着补贴的增加，固定税率促使企业实施碳标签方案数量增长最大，其次是线性递减税率和阶梯税率。倒三角税率和固定税率以 20% 的利率有几乎相同的均衡，对企业变化的影响最弱。

通过比较情景 1 和情景 2，我们可以看到情景 2 的均衡值增加了，如图 3.12～图 3.15 所示。因此，联合政策对碳标签方案的实施具有更大的影响。最佳组合为每台空调直接补贴 400 元，同时税率呈线性递减，如图 3.16 所示，这种政策的组合不仅使实施碳标签方案的企业数量增长更快，而且获得了更稳定的市场份额。此外，采用联合政策的均衡值大于单独采用任何一种政策的均衡值。

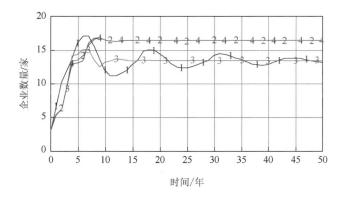

已实施碳标签方案企业的变化趋势线：ES = 300元且优惠政策为固定税率（20%）
已实施碳标签方案企业的变化趋势线：ES = 300元且优惠政策为线性递减税率
已实施碳标签方案企业的变化趋势线：ES = 300元且优惠政策为倒三角税率
已实施碳标签方案企业的变化趋势线：ES = 300元且优惠政策为阶梯税率

(a) 企业补贴为300元

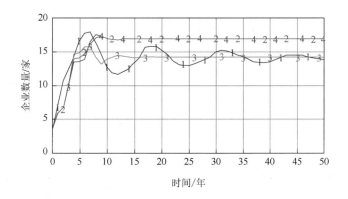

已实施碳标签方案企业的变化趋势线：ES = 350元且优惠政策为固定税率（20%）
已实施碳标签方案企业的变化趋势线：ES = 350元且优惠政策为线性递减税率
已实施碳标签方案企业的变化趋势线：ES = 350元且优惠政策为倒三角税率
已实施碳标签方案企业的变化趋势线：ES = 350元且优惠政策为阶梯税率

(b) 企业补贴为350元

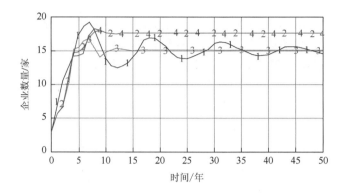

已实施碳标签方案企业的变化趋势线：ES = 400元且优惠政策为固定税率（20%）　　——1——1——
已实施碳标签方案企业的变化趋势线：ES = 400元且优惠政策为线性递减税率　　　　　　——2——
已实施碳标签方案企业的变化趋势线：ES = 400元且优惠政策为倒三角税率　　　　　　　——3——
已实施碳标签方案企业的变化趋势线：ES = 400元且优惠政策为阶梯税率　　　　　　　　——4——

(c) 企业补贴为400元

图 3.15　企业对合并政策的响应

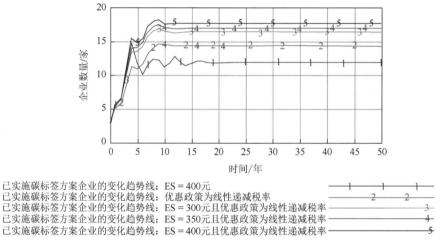

已实施碳标签方案企业的变化趋势线：ES = 400元　　　　　　　　　　　——1——1——1——
已实施碳标签方案企业的变化趋势线：优惠政策为线性递减税率　　　　　——2——2——
已实施碳标签方案企业的变化趋势线：ES = 300元且优惠政策为线性递减税率　——3
已实施碳标签方案企业的变化趋势线：ES = 350元且优惠政策为线性递减税率　——4
已实施碳标签方案企业的变化趋势线：ES = 400元且优惠政策为线性递减税率　——5

图 3.16　最佳的政策组合

3.4.4　敏感性分析

敏感性分析的目的是研究相关参数发生变化后，结果是否会发生变化，同时评估哪个变量对结果的影响最大（Blumberga et al.，2015；He and Zhang，2015）。选择四个变量进行敏感性分析：环境偏好系数、费率控制系数、实施碳标签方案的初始企业数量和消费者总数。敏感性分析的计算方法是通过四个变量在-10%～10%的变化来研究企业数量的变化。研究结果表明，如果相关参数从-10%变化到10%，则采用碳标签方案的企业数量在±1%范围内变化，如图3.17所示。由于敏感性分析结果在一个合理的范围内，因此该模型被认为具有鲁棒性，可以用于博弈论模拟。

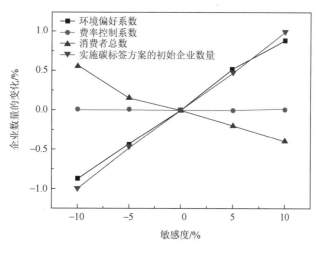

图 3.17　模型的敏感性分析

3.4.5　小结

博弈论分析可以模拟各种商业策略的影响，在不影响企业商业可持续性发展的情形下帮助企业实现产品生命周期碳减排。模拟结果表明，直接给予企业补贴优于给予消费者补贴。同时，将各类激励政策措施（即直接补贴和税收优惠）相结合，可以更有效地推动碳标签制度的实施。

尽管直接补贴和税收优惠等政府激励措施对促进企业碳标签实施方面发挥关键作用（Geng and Doberstein，2008；Zhao et al.，2013），但也应看到，持续的政府激励措施可能会给政府带来财政负担。Olson（2013）证实，面对疲软的市场需求时，较弱的政府激励措施是难以奏效的。为了使碳标签制度具有可持续性，政府必须采取适当强度的激励措施，以推动企业走向低碳生产。要制定长期性的适当强度的激励措施，需要政府综合考虑现有财政基础和未来市场的发展。

3.5　企业和政府间的博弈

碳标签制度的实施涉及政府、企业和消费者等各利益相关主体的协调，这些协调可能采取监督执行或自愿的方式（Tan et al.，2014）。本节使用系统动力学模型来模拟碳标签实施过程中企业对政府政策（例如联合补贴和处罚相结合）的响应，研究补贴和处罚对企业经济收益的协同影响。预先确定两种减少企业碳排放的可选技术方案，需要确定哪种方案在政府制定的政策下能有效提高经济和环境效益。最佳的政策组合可推动碳减排和促进低碳转型。系统动力学的应用定量揭示了政府政策是如何影响企业在碳标签实践中生产转型的。

3.5.1　系统动力学模型

构建策略模拟的系统动力学模型需要进行以下步骤（Wu et al.，2011；Yunna et al.，

2015）：识别研究范围，反映问题情景；绘制系统结构，理解系统各因素及其内部关系；建立因果关系，描述系统的逻辑结构；在因素之间建立方程以构建定量关系；使用计算机软件模拟、调试和检查已建立的模型，以及探究控制变量对模型输出可能产生的影响。本节将建立系统动力学模型分析两种综合政策（补贴和处罚）对企业碳减排技术选择的具体影响，如图 3.18 所示。

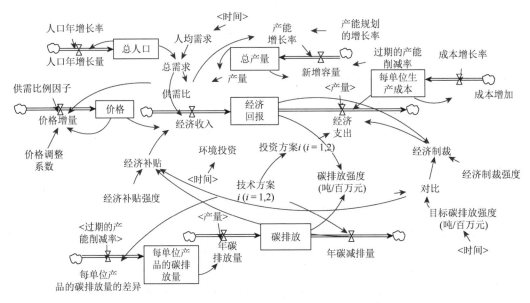

图 3.18　在减碳标签方案实施中的系统动力学模型

在这里，企业被认为是一个实体，它有两种可选的碳减排技术计划，分别定义为低成本计划（$i=1$）和高成本计划（$i=2$），两种技术计划的详细说明见表 3.15。技术计划划分是根据 Zeng 等（2010）和 Yusup 等（2015）的研究成果来进行的，他们建议根据清洁生产原则将技术计划分为两类，即根据其财政预算划分为高成本计划和低成本计划。其中，低成本计划只需较少的资本投资即可实现环境改善，如建立环境管理体系和提高员工的环境责任心；而高成本计划需要较大的资本投资，需要重新设计生产工艺，如购买安装较高能源效率设施和使用清洁能源等（Zeng et al.，2010）。高成本计划在减少碳排放方面发挥更大的效力。他们的研究应用碳减排的边际成本来区分这两个计划，即低成本计划为每吨 10 美元，高成本计划为每吨 15～18 美元（US Environmental Protection Agency，2010；Wang and Song，2010）。所选择的任何一种技术方案都不能在特定时期内调整，例如 2005～2020 年这一时段，这也是本节研究的预定义时期。

表 3.15　技术计划说明

技术计划	措施
低成本计划	员工环境意识的提高 改善与健康安全有关的工作条件 加强低碳发展培训 提高产品及其相关零部件的可回收性

续表

技术计划	措施
高成本计划	节能技术的应用 节能设备的安装 增加对可再生能源的使用 增加对环境防治的投资

制度结构强调政策监管与企业响应之间的内部因果关系。在本节研究中，政府政策主要集中于财政补贴和处罚，前者有利于促进绿色技术的发展和应用，减少碳排放（Badcock and Lenzen，2010；Zhao et al.，2015）；后者迫使企业实施低碳生产，并帮助政府对企业的环境不友好行为进行必要的监控（Tsou and Wang，2012；Zhao et al.，2013）。因此，补贴和处罚相结合是政策监管成效的一个重要指标。

企业发展策略受利润驱动，企业的经济收益可作为一个决策变量来衡量它们是否愿意尝试碳标签。图 3.19 为系统动力学模型对应的因果循环图。如图 3.19 所示，在这个系统中有六个因果反馈循环，它们均以企业的经济收益为中心。例如，环境投资与企业经

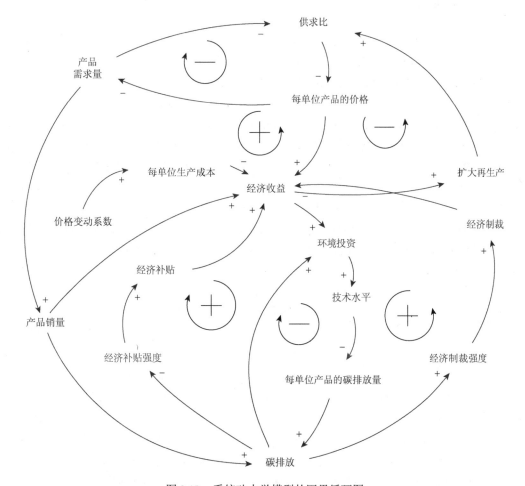

图 3.19　系统动力学模型的因果循环图

济收益呈正相关关系；随着经济收益的增加，技术水平也会上升。Sloan（2011）和 Sgobbi 等（2016）指出，绿色技术创新对碳减排有强烈的积极影响。随着绿色技术的进步，单位产品碳排放强度逐渐降低，对碳减排具有促进作用。因此，提升在环境方面的投资可促进碳减排的技术水平，这已被 Lu 等（2010）的研究结果证实。此外，政府通过实施激励手段和净收益约束机制来推动市场有序地将温室气体排放的负面影响内部化处理（Galinato and Yoder，2010）。因此，企业降低碳排放的效率越高，获得的补贴就越多，这被称为正反馈回路。

经济收益对扩大生产有积极的影响，这会进一步提高供需比，表现为一个正反馈回路。Iles 和 Martin（2013）、Babar 等（2016）对这种反馈回路进行验证，结果表明，扩大再生产主要取决于企业的净利润，这可能会改变供求关系。随着消费者需求的增加，产品销量增大，对经济收益产生积极正反馈（Dijk and Yarime，2010；Harrison et al.，2014）。然而，产品单价与需求数量之间存在负相关关系，这会影响供需比（Avinadav et al.，2013；Babar et al.，2016）（图 3.19）。

3.5.2　代表案例

中国的造纸企业为系统动力学模型的典型案例。假设模型中造纸企业在实施碳标签方案时扩大其经济收益是完全合理的；此外，假设这些企业即使存在大量的碳排放，也是被处以沉重的经济处罚，而不是将其关停。建立系统动力学模型需要遵循一系列步骤，其中之一就是像图 3.19 那样基于内部因素建立因果反馈关系，以解释其关系（Feng et al.，2008；Wu et al.，2011；Yunna et al.，2015）。这些内部因素为多种变量，即水平变量、比率和辅助变量等（Wu et al.，2011；Tian et al.，2014）。模型中所有内部因素都被定义为相应的变量，见表 3.16。在系统动力学模型中，水平变量表示任何变量在特定时间内的积累，其增加或减少的速度取决于系统流入或流出程度（Suryani et al.，2010）。例如，研究中的经济收益被认为是一个水平变量，记录其在模拟期间的累积变化。经济收益受经济收入和经济支出的影响。辅助变量旨在将中间计算的水平变量和速率变量联系起来（Ahmad et al.，2015），包括供求比、经济补贴和投资等，可以帮助量化经济收支。

表 3.16　系统动力学模型的关键变量

变量	种类	定义	单位
经济收益（ER）	水平变量	造纸企业的总经济收益	百万元
价格（P）	水平变量	产品销售价格	元
每单位生产成本（UC）	水平变量	嵌入式生产成本	元
总人口（TP）	水平变量	人口总数	百万人
总产量（TC）	水平变量	生产能力	百万 t
碳排放（CE）	水平变量	该企业每年的碳排放总量	百万 t
每单位产品的碳排放量（UCE）	水平变量	每种产品的碳排放量	t

续表

变量	种类	定义	单位
新增容量（NCR）	比率	每年容量增加量	百万 t
成本增加（CI）	比率	每年成本增加量	元
经济收入（I）	比率	一般收入	百万元
经济支出（E）	比率	总支出	百万元
每单位产品的碳排放量的差异（UCV）	比率	单位产品的碳减排量	t
人口年增长率（PR）	辅助变量	人口的平均增长率	/
人均需求（PD）	辅助变量	每年人均需求	kg/人
总需求（TD）	辅助变量	每年总需求	百万 t
产量（Y）	辅助变量	企业总生产	百万 t
供需比（RA）	辅助变量	总需求除以总生产	/
产能增长率（GC）	辅助变量	每年产能的增长率	/
产能规划的增长率（PCR）	辅助变量	每年产能规划的增长率	/
落后产能减少率（OCR）	辅助变量	每年落后产能减少率	/
成本增长率（CR）	辅助变量	每年的成本增长率	/
供需比例因子（SDF）	辅助变量	供求与价格之间的影响因素	/
价格调整系数（PAC）	辅助变量	与通货膨胀有关的价格调整系数	/
经济补贴（ESS）	辅助变量	碳减排补贴	百万元
经济制裁（ESC）	辅助变量	对高碳排放量的惩罚	百万元
环境投资（EIV）	辅助变量	与环境活动有关的总投资	百万元
碳排放强度（CEI）	辅助变量	碳排放量除以经济收益	t/百万元
经济补贴强度（SS）	辅助变量	每项碳减排的补贴	元/t
经济制裁强度（SI）	辅助变量	对强制性减排可能造成的经济惩罚	/

外部输入系统动力学模型参数的测度基于许多常见的统计方法，如表函数法、算术平均法、趋势法、回归法等，见表 3.17。表函数法用于表示一组依赖于时间的数据，反映变量与时间之间的非线性关系（Jin et al.，2009；Guo and Guo，2015）。本节将其用于测算目标碳排放强度和环境投资。算术平均法将聚合数据分解为各组成部分，生成总体平均预测数据（Cornillie and Fankhauser，2004；Zhang et al.，2009），如用于分析价格调整系数和供求比系数的变化。趋势法提供了一个总体线性趋势估计来描述整个研究期间被调查变量的整体变化（Soldaat et al.，2007；Hsu，2012），如用于分析人口年增长率。回归法用于解释自变量和因变量之间的潜在关系，被广泛应用于产品需求的量化，如水需求（Qi and Chang，2011）和电力需求等（Bianco et al.，2009）。本节采用回归法对需求关系进行测量，基本的输入数据如年经济收益、碳排放和碳排放的增长率来源于国家统计局、中国造纸行业网站和中国造纸协会。

表 3.17　外部输入模型参数的测度

方法	参数	测度	数值
算术平均法	价格调整系数（PAC）	$PAC = PI_t/PI_{t-1}$ 式中，PI_t 表示第 t 年的价格指数；PI_{t-1} 表示第 $t-1$ 年的价格指数	1.03
	供需比例因子（SDF）	$SDF = Y/TD$ 式中，Y 表示产量；TD 表示总需求	0.16
	成本增长率（CR）	$CR = [UC_t-UC_{t-1}]/UC_{t-1}$ 式中，UC_t 表示第 t 年的成本；UC_{t-1} 表示第 $t-1$ 年的成本	0.12
趋势法	人口年增长率（PR）	$PR = [TP_t-TP_{t-1}]/TP_{t-1}$ 式中，TP_t 表示第 t 年的人口；TP_{t-1} 表示第 $t-1$ 年的人口	0.0048
	产能规划的增长率（PCR）	$PCR = PC/TC$ 式中，PC 表示产能规划；TC 表示总产能	0.07
	落后产能减少率（OCR）	$OCR = OC/TC$ 式中，OC 表示落后产能；TC 表示总产能	0.025
表函数法	每百万元碳排放强度（TCI）	$TCI = CE/ER$ 式中，CE 表示企业碳排放；ER 表示企业经济收益	（2005 年，4500） （2010 年，4000）（2015 年，3500）（2020 年，2000）
	环境投资（EIV）		低成本技术计划： （2005 年，750） （2006 年，50） （2020 年，50） 高成本技术计划： （2005 年，2500） （2006 年，100） （2020 年，100）
回归法	人均需求（PD）	$PD = 5.336x-10657$，$R^2 = 0.985$	

3.5.3　模拟结果

系统动力学模型建立完成后，需要进行有效性检查（Peterson and Eberlein，2006）。将企业经济效益和碳排放量这两个重要指标的模拟结果与历史数据进行比较，进行模型验证。表 3.18 显示了 2005～2009 年的模拟结果与历史统计数据之间的差异，相对误差在 15%范围内可以被认为是有效的（Tang et al.，2012）。将模拟结果作为一个基准，进一步研究各种政策组合对经济收益的可能影响。

表 3.18　造纸行业的模拟值与历史数据的比较

参数		2005 年	2006 年	2007 年	2008 年	2009 年
经济收益	历史价值/百万元	1.18	1.51	2.1	2.1	2.1
	模拟结果/百万元	1.18	1.44	1.85	2.13	2.4
	相对误差/%	0	−4.6	−11.9	1.4	14.2
碳排放	历史价值/百万 t	87.88	92.3	97.7	107.2	113.9
	模拟结果/百万 t	91.1	100.09	111.01	122.60	130.09
	相对误差/%	3.4	8.3	13.7	13.8	14.3

建立两种预定义策略变量的情景：情景 1 为低成本计划，情景 2 为高成本计划。经济补贴以元/t 碳减排来表示，经济处罚强度以经济处罚占经济收益的比例表示，见表 3.19。

表 3.19　不同政策因素的数值[+]

政策因素	参数数值 1	参数数值 2	参数数值 3	参数数值 4
经济补贴/(元/t)	60	120	180	240
经济处罚强度	0.01	0.013	0.016	0.02

在情景 1 中，通过联合补贴和处罚政策的变化来考察企业的经济收益。企业的经济收益可能会低于或高于基准，可用经济损失或增加的相对比率来表示，具体如下：

$$L(S_k, P_j, t) = \frac{R(t) - R(S_k, P_j, t)}{R(t)} \times 100\% \qquad (3.36)$$

$$E(S_k, P_j, t) = \frac{R(S_k, P_j, t) - R(t)}{R(t)} \times 100\% \qquad (3.37)$$

式中，$L(S_k, P_j, t)$ 和 $E(S_k, P_j, t)$ 分别表示当补贴和经济罚款为 S_k、P_j 时，t 年经济损失和经济增加的相对比率；$R(t)$ 为 t 年的基准值；$R(S_k, P_j, t)$ 为补贴和经济处罚分别为 S_k、P_j 时企业 t 年的经济收益；$S_k = (6, 120, 180, 240)$，$P_j = (0.01, 0.013, 0.016, 0.02)$。

经济损失和经济增量的平均相对比率如下：

$$L_a = \sum_{i=1}^{n} L(S_k, P_j, t) \bigg/ n \qquad (3.38)$$

$$E_a = \sum_{i=1}^{n} E(S_k, P_j, t) \bigg/ n \qquad (3.39)$$

式中，L_a 和 E_a 分别表示 2005～2019 年的经济损失和增加的平均相对增长率；n 为年数，$n = 15$。

初始模拟阶段由于政府提供的补贴较少，企业面临经济损失。在经济补贴为 60 元/t（每吨碳减排补贴 60 元）的情况下，经济处罚的强度从 0.01 增加到 0.02，预计企业的平均经济损失比率从 7.5%增加到 14%，如图 3.20（a）所示。当补贴提高到 120 元/t 时，企业仍处于经济损失的边缘，如图 3.20（b）所示。当经济处罚的强度设为 0.013 时，经济损失的最大相对比仍保持在 9%，出现此情况的一个可能的原因是企业可能面临技术创新资金短缺（Jin and Zhang，2014；Zhang et al.，2016）。如果补贴不能完全支付额外的成本，那么中小企业将无法自愿实施碳标签来减少碳排放。随着补贴的增加，经济收益逐渐增加，当补贴达到 180 元/t 时，经济收益的最大相对比进一步下降至 7.9%，如图 3.20（c）所示。但是，如果经济处罚的强度足够高，即经济处罚的强度设置为 0.013～0.02，企业就有可能面临经济损失。如果补贴增加到 240 元/t，企业的经济收益最终将超过基准，经济收益的最大相对比率为 11.4%，如图 3.20（d）所示。

+ 表 3.19 译者有修改。

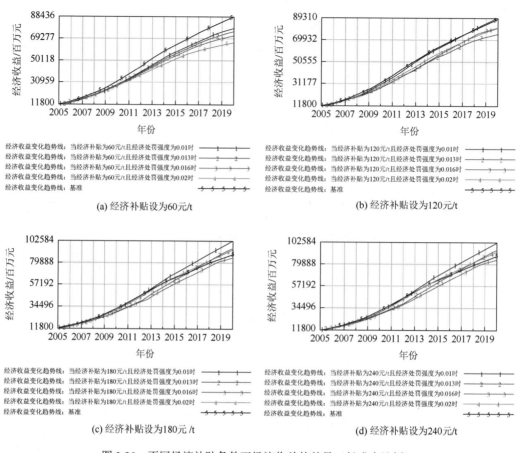

图 3.20　不同经济补贴条件下经济收益的差异（低成本计划）

与补贴相比，经济处罚强度对企业经济收益的影响较小，如图 3.21 所示，一个可能的原因是企业愿意积极进行技术升级，提高绿色性能，避免因对环境的不利行为而遭到重罚（Zhao et al.，2012b；Zhu et al.，2013）。经济补贴超过 180 元/t 的企业的经济收益高于基准值。当将经济处罚强度设为 0.01 时，经济收益的最大相对比为 22.7%。

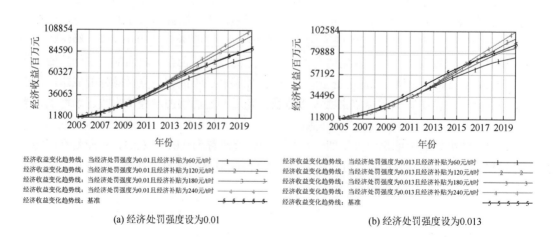

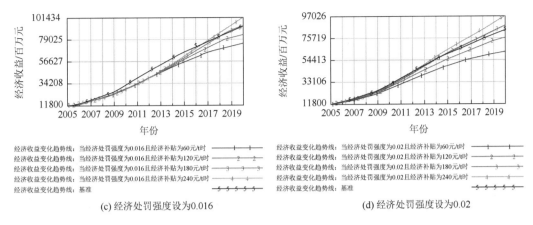

(c) 经济处罚强度设为0.016　　　　　　(d) 经济处罚强度设为0.02

图 3.21　不同经济处罚强度条件下经济收益的差异（低成本计划）

与低成本计划（情景 1）相比，企业选择高成本方案可能面临更大的经济风险，因为这需要额外的一次性生产投资来提高产品的可持续性以促进低碳转型。如果补贴不够高，经济收益将低于基准值。图 3.22（a）显示，当经济补贴设置为 60 元/t 时，经济损失的最大相对比例约为 14.4%，此时经济处罚强度设置为 0.02。当经济补贴提高到 120 元/t 时，经济损失的最大相对比例下降到 6.8%，如图 3.22（b）所示。当经济补贴增加到 180 元/t 时，企业仍面临经济损失，经济损失的最大相对比例下降至 2%，如图 3.22（c）所示。只有将经济补贴提高到 240 元/t，企业的经济收益才会高于基准值，经济增量的最大相对比例为 1.5%，如图 3.22（d）所示。

当经济处罚强度和经济补贴分别设置为 0.01 和 240 元/t 时，经济增量的最大相对比例为 1.3%，如图 3.23（a）所示。然而，预期的经济收益随着经济处罚强度的增加而下降。除非经济补贴足够高，达到 240 元/t 或以上，否则随着经济处罚强度的增加，企业将面临不同程度的经济损失，如图 3.23（b）（c）所示。经济损失的最大相对比例约为 18%，如图 3.23（d）所示。因此，在企业成本负担能力较低的情况下，不应采取极其严厉的经济处罚策略（Agan et al.，2013；Suk et al.，2014）。否则，低碳转型可能会让生产端失去活力。

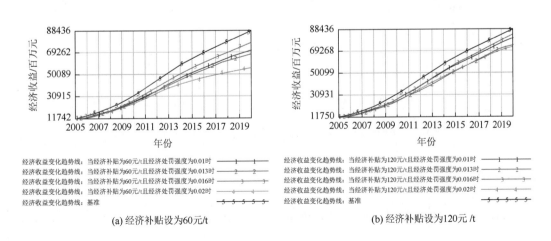

(a) 经济补贴设为60元/t　　　　　　　(b) 经济补贴设为120 元/t

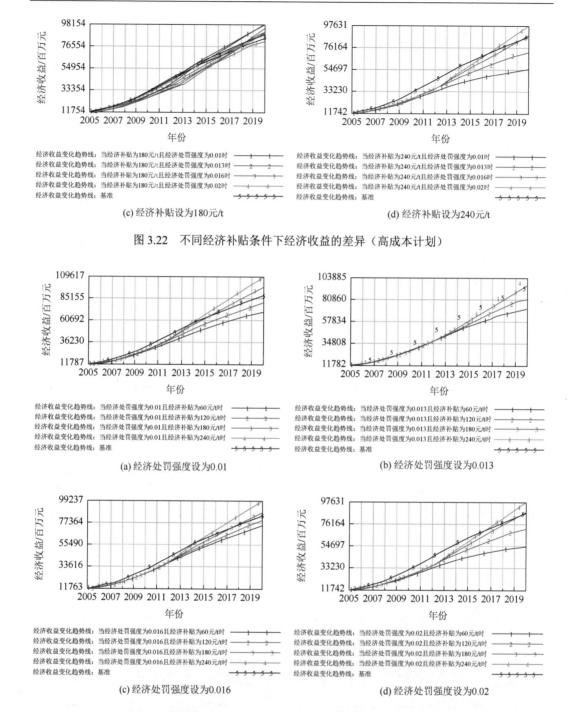

图 3.22　不同经济补贴条件下经济收益的差异（高成本计划）

图 3.23　不同经济处罚强度条件下经济收益的差异（高成本计划）

3.5.4　敏感性分析与讨论

利用敏感性分析探讨系统变量对模型输出的影响程度（Sterman，2000），通过控制变量（即经济补贴和经济处罚强度）在 –15%～15%的范围来确定其对企业经济收益的影响。如图 3.24 所示，斜率的绝对值越大，变量的敏感性越高，图中 x 轴表示控制变量的变化，y 轴表示经济收益的变化。灵敏度在一个合理的范围内，表明系统动力学模型具有鲁棒性。

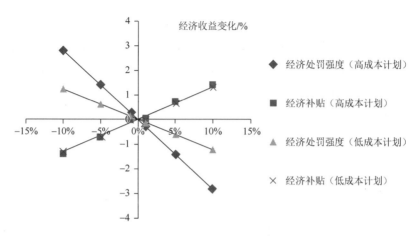

图 3.24　系统动力学模型的敏感性分析

高成本计划和低成本计划两种技术方案都很容易受到联合政策的影响。一旦选定某个技术方案，碳减排方案也就确定了。这可以用碳减排的相对比率表示，其测算方法如下：

$$C_r(i, t) = \{[C(t) - C(i, t) / C(t)]\} \times 100 \tag{3.40}$$

式中，$C_r(i, t)$ 是采用第 i 项技术方案在第 t 年的碳排放相对减少比率；$C(t)$ 是第 t 年的碳减排的基准；$C(i, t)$ 是在第 t 年使用第 i 项技术方案的碳减排，t 即高成本或低成本计划。

图 3.25 显示，高成本计划的减排效果明显优于低成本计划。低成本计划的平均相对减少率为 17.8%，高成本计划为 24.5%。然而，技术方案的选择主要取决于企业的经济稳定性和对政策的遵守程度（Pan et al.，2015）。由于企业经营的根本是追求利润，因此企

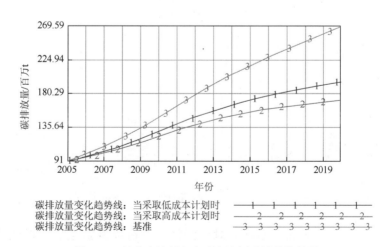

图 3.25　低成本计划和高成本计划碳排放的差异

业可能会忽视实现绿色社会方面的责任（Su and He，2010）。仿真结果表明，现阶段造纸企业可能更倾向于实施低成本计划，一个可能的原因是中小企业居多，它们无法承担如此大量的一次性生产投资（Liu et al.，2013；Kong et al.，2013）。此外，中国广泛实施统一的财政补贴政策，这两个方案在政策中是无差别的（Tang et al.，2015）。因此，现有的激励政策对企业实施高成本计划收效甚微。

虽然高成本计划在碳减排方面表现优异，但在经济效益最大化方面，选择低成本计划对企业可能更合理，预计其经济损失的最大比为 4.5%（图 3.26），远低于高成本计划下的最大经济损失比 10.2%（图 3.27）。

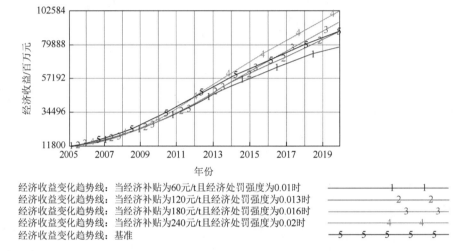

经济收益变化趋势线：当经济补贴为60元/t且经济处罚强度为0.01时　　　　　1　　1
经济收益变化趋势线：当经济补贴为120元/t且经济处罚强度为0.013时　　　　2　　2
经济收益变化趋势线：当经济补贴为180元/t且经济处罚强度为0.016时　　　　3　　3
经济收益变化趋势线：当经济补贴为240元/t且经济处罚强度为0.02时　　　4　　4
经济收益变化趋势线：基准　　　　5　5　5　5　5

图 3.26　政策组合下经济收益的差异（低成本计划）

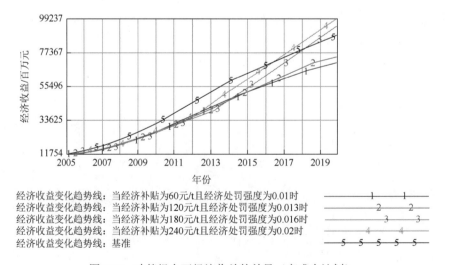

经济收益变化趋势线：当经济补贴为60元/t且经济处罚强度为0.01时　　　　　1　　1
经济收益变化趋势线：当经济补贴为120元/t且经济处罚强度为0.013时　　　　2　　2
经济收益变化趋势线：当经济补贴为180元/t且经济处罚强度为0.016时　　　　3　　3
经济收益变化趋势线：当经济补贴为240元/t且经济处罚强度为0.02时　　　4　　4
经济收益变化趋势线：基准　　　　5　5　5　5　5

图 3.27　政策组合下经济收益的差异（高成本计划）

当进一步实施选定的低成本计划时，经济补贴可以激励企业实现经济收益最大化，如图 3.20 和图 3.21 所示。为补偿可能造成的损失，给予最低经济补贴应至少是

120 元/t。当经济补贴增加到 240 元/t 时，企业可以实现经济收益最大化。然而，如此高的补贴可能使政府的财政压力较大，减少政府收入（Suk et al., 2013；Craig and Allen, 2014）。从碳排放强度来看，从图 3.28 可以看出，补贴 180 元/t 与补贴 240 元/t 大致重叠，表明其具有类似的减排效果。

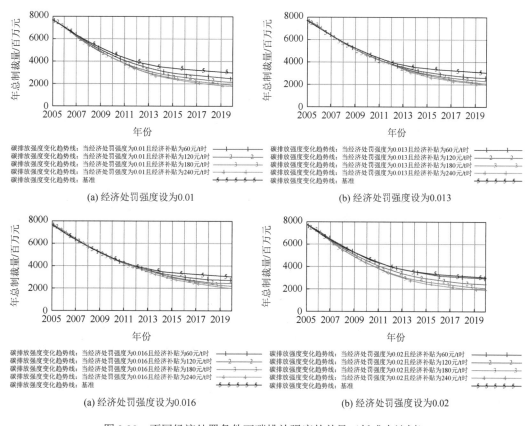

图 3.28　不同经济处罚条件下碳排放强度的差异（低成本计划）

为帮助企业改善环境，减轻政府财政压力，本书建议最佳补贴标准为 180 元/t。中国的经济激励措施证实了这一点，政府打算将经济补贴强度从每吨标准煤 240 元提高到 500 元（China Economic Herald, 2013）。由于 1t 标准煤可能导致 2.67t 碳排放，因此经济补贴可以换算成每吨碳减排 187 元。最佳经济补贴为 180 元/t，经济处罚强度设置为 0.01 时，企业能从最低碳排放强度的实践中获得经济收益，如图 3.29 所示。

3.5.5　小结

本章试图探索与减少碳排放相关的结果。例如，政府如何建立合理的激励和约束机制，鼓励企业通过减少基于生命周期的碳排放来改善其环境效益。模拟结果给出了经济补贴和经济处罚强度的最优组合，这为深入了解政府政策如何推进企业低碳转型提供科学支撑。

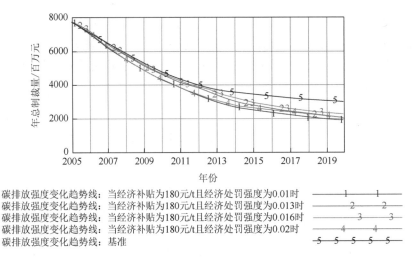

图 3.29　经济补贴为 180 元/t 的碳排放强度的差异（低成本计划）

　　本章研究成果为企业在碳标签实践的初期阶段如何选择最佳策略以提高其环境效益提供了关键指导意见。随着低碳生产对市场的影响越来越大，企业将在碳标签产品销售和生产中获得经济效益（Zhao et al.，2013，2015）。在这种情况下，本书认为，与碳标签认证技术创新相关的成本完全可以由企业承担。如果政府进一步提高排放标准，并对企业的环境破坏行为实施更严厉的处罚，企业将选择高成本技术方案来提高其环保效益。

参 考 文 献

Agan Y，Acar MF，Borodin A（2013）Drivers of environmental processes and their impact on performance: a study of Turkish SMEs. J Clean Prod 51：23-33

Ahmad S，Tahar RM，Muhammady-Sukki F，Munir AB，Rahim RA（2015）Role of feed-in tariff policy in promoting solar photovoltaic investments in Malaysia: a system dynamics approach. Energy 84：808-815

Avinadav T，Herbon A，Spiegel U（2013）Optimal inventory policy for a perishable item with demand function sensitive to price and time. Int J Prod Econ 144：497-506

Babar M，Nyugen PH，Cuk V，Kamphuis IR，Bongaerts M，Hanzelka Z（2016）The rise of AGILE demand response: enabler and foundation for change. Renew Sust Energy Rev 56：686-693

Badcock J，Lenzen M（2010）Subsidies for electricity-generating technologies: a review. Energy Policy 38：5038-5047

Bi K，Huang P，Ye H（2015）Risk identification，evaluation and response of low-carbon technological innovation under the global value chain: a case of the Chinese manufacturing industry. Technol Forecast Soc Change 100：238-248

Bianco V，Manca O，Nardini S（2009）Electricity consumption forecasting in Italy using linear regression models. Energy 34：1413-1421

Blumberga A，Timma L，Romagnoli F，Blumberga D（2015）Dynamic modelling of a collection scheme of waste portable batteries for ecological and economic sustainability. J Clean Prod 88：224-233

Chen A，Groenewold N（2015）Emission reduction policy: a regional economic analysis for China. Econ Model 51：136-152

Chen YS（2008）The driver of green innovation and green image-green core competence. J Bus Ethics 81：531-543

China Economic Herald（2013）The incentive standard of energy performance contracting may be increased as 500 Yuan per tonne of standard coal. http://www.ceh.com.cn/ztbd/jnjpzk/277781. shtml. Accessed 14 Oct 2015

China HVACR（China Heating Ventilation and Air Conditioning Refrigeration）（2015）The popularization of air conditioner energy-saving technologies. http://www.chinahvacr.com/hyzxnews/show-htm-itemid-3122648.html. Accessed 15 Jan 2016

Choi Y（2014）Global e-business management: theory and practice. Bomyoung-books Publishing Co, Seoul

Choi Y（2015）Introduction to the special issue on "Sustainable e-governance in Northeast-Asia: challenges or sustainable innovation". Technol Forecas Soc Change 96: 1-3

Chua KJ, Chou SK, Yang WM, Yan J（2013）Achieving better energy-efficient air conditioning-a review of technologies and strategies. Appl Energy 104: 87-104

Cornillie J, Fankhauser S（2004）The energy intensity of transition countries. Energy Econ 26: 283-295

Craig CA, Allen MW（2014）Enhanced understanding of energy ratepayers: factors influencing perceptions of government energy efficiency subsidies and utility alternative energy use. Energy Policy 66: 224-233

Cressman R（2003）Evolutionary dynamics and extensive form games. MIT Press, Cambridge

Dangelico RM, Pontrandolfo P（2010）From green product definitions and classifications to the green option matrix. J Clean Prod 18: 1608-1628

Davis MD（1983）Game theory: a nontechnical introduction. Dover Publications, Mineola

Dayaratne SP, Gunawardana KD（2015）Carbon footprint reduction: a critical study of rubber production in small and medium scale enterprises in Sri Lanka. J Clean Prod 103: 87-103

Diamond D（2009）The impact of government incentives for hybrid-electric vehicles: evidence from US states. Energy Policy 37: 972-983

Dijk M, Yarime M（2010）The emergence of hybrid-electric cars: innovation path creation through co-evolution of supply and demand. Technol Forecast Soc Chang 77: 1371-1390

Dowlatshahi S（2005）Strategic success factors in enterprise resource-planning design and implementation: a case-study approach. Int J Prod Res 43: 3745-3771

Dutta PK（1999）Strategies and games: theory and practice. MIT Press, Cambridge

Elschner C, Ernst C, Licht G, Spengel C（2011）What the design of an R&D tax incentive tells about its effectiveness: a simulation of R&D tax incentives in the European Union. J Technol Transf 36: 233-256

Feng LH, Zhang XC, Luo GY（2008）Application of system dynamics in analyzing the carrying capacity of water resources in Yiwu City, China. Math Comput Simulat 79: 269-278

Friedman D（1991）Evolutionary games in economics. Econometrica 59: 637-666

Galinato GI, Yoder JK（2010）An integrated tax-subsidy policy for carbon emission reduction. Resour Energy Econ 32: 310-326

Geng Y, Doberstein B（2008）Greening government procurement in developing countries: building capacity in China. J Environ Manage 88: 932-938

Gintis H（2009）Game theory evolving: a problem-centered introduction to modeling strategic interaction. Princeton University Press, Princeton

Guenther M, Saunders CM, Tait PR（2012）Carbon labeling and consumer attitudes. Carbon Manag 3: 445-455

Guo X, Guo X（2015）China's photovoltaic power development under policy incentives: a system dynamics analysis. Energy 93: 589-598

Harrison R, Jaumandreu J, Mairesse J, Peters B（2014）Does innovation stimulate employment? A firm-level analysis using comparable micro-data from four European countries. Int J Ind Organ 35: 29-43

He Y, Zhang J（2015）Real-time electricity pricing mechanism in China based on system dynamics. Energy Convers Manage 94: 394-405

Hsu CW（2012）Using a system dynamics model to assess the effects of capital subsidies and feed-in tariffs on solar PV installations. Appl Energy 100: 205-217

Huang G（2006）The determinants of capital structure: evidence from China. China Econ Rev 17: 14-36

Hui EC, Bao H（2013）The logic behind conflicts in land acquisitions in contemporary China: a framework based upon game theory.

Land Use Policy 30：373-380

Iles A，Martin AN（2013）Expanding bioplastics production：sustainable business innovation in the chemical industry. J Clean Prod 45：38-49

Janssen MA，Jager W（2002）Stimulating diffusion of green products. J Evol Econ 12：283-306

Ji P，Ma X，Li G（2015）Developing green purchasing relationships for the manufacturing industry：an evolutionary game theory perspective. Int J Prod Econ 166：155-162

Jin GR，Zhang L（2014）Efficiency of energy saving and emissions reduction in small and medium-sized enterprises and its influencing factors. China Soft Sci 1：126-133（In Chinese）

Jin W，Xu L，Yang Z（2009）Modeling a policy making framework for urban sustainability：Incorporating system dynamics into the Ecological Footprint. Ecol Econ 68：2938-2949

Johnstone ML，Tan LP（2015）Exploring the gap between consumers' green rhetoric and purchasing behaviour. J Bus Ethics 132：311-328

Kanada M，Fujita T，Fujii M，Ohnishi S（2013）The long-term impacts of air pollution control policy：historical links between municipal actions and industrial energy efficiency in Kawasaki City，Japan. J Clean Prod 58：92-101

Kelly A（2003）Decision making using game theory：an introduction for manager. Cambridge University Press，Cambridge

Kelly FP，Maulloo AK，Tan DK（1998）Rate control for communication networks：shadow prices，proportional fairness and stability. J Oper Res Soc 49：237-252

Kim DH，Kim DH（1997）System dynamics model for a mixed strategy game between police and driver. Syst Dyn Rev 13：33-52

Kocabiyikoglu A，Popescu I（2011）An elasticity approach to the newsvendor with price-sensitive demand. Oper Res 59：301-312

Kong LB，Price L，Hasanbeigi A，Liu HB，Li JG（2013）Potential for reducing paper mill energy use and carbon dioxide emissions through plant-wide energy audits：a case study in China. Appl Energy 102：1334-1342

Koufteros X，Vonderembse M，Jayaram J（2005）Internal and external integration for product devel-opment：the contingency effects of uncertainty，equivocality，and platform strategy. Decision Sci 36：97-133

Kreng VB，Wang BJ（2013）An innovation diffusion of successive generations by system dynamics—an empirical study of Nike Golf Company. Technol Forecast Soc Chang 80：77-87

Kyle P，Clarke L，Rong F，Smith SJ（2010）Climate policy and the long-term evolution of the US buildings sector. Energy J 31：145-172

Li J，Kendall G，John R（2016）Computing Nash equilibria and evolutionarily stable states of evolutionary games. IEEE Trans Evol Comput 20：460-469

Lin B，Jiang Z（2011）Estimates of energy subsidies in China and impact of energy subsidy reform. Energy Econ 33：273-283

Lin J，Rosenquist G（2008）Stay cool with less work：China's new energy-efficiency standards for air conditioners. Energ Policy 36：1090-1095

Lin RJ，Tan KH，Geng Y（2013）Market demand，green product innovation，and firm performance：evidence from Vietnam motorcycle industry. J Clean Prod 40：101-107

Liu XB，Wang C，Zhang WS，Suk S，Sudo K（2013）Company's affordability of increased energy costs due to climate policies：a survey by sector in China. Energ Econ 36：419-430

Lu C，Zhang X，He J（2010）A CGE analysis to study the impacts of energy investment on economic growth and carbon dioxide emission：a case of Shaanxi Province in western China. Energy 35：4319-4327

Luce RD，RaiffaH（1989）Games and decisions：introduction and critical survey.Dover Publications，New York

Mahlia TMI，Tohno S，Tezuka T（2013）International experience on incentive program in support of fuel economy standards and labelling for motor vehicle：a comprehensive review. Renew Sust Energ Rev 25：18-33

Michelsen O，de Boer L（2009）Green procurement inNorway：a survey of practices at themunicipal and county level. J Environ Manag 91：160-167

Ministry of Industry and Information Technology of the People's Republic of China（2012）Detailed rules to promote energy efficient room air conditioners. http://www.miit.gov.cn/n11293472/n11293832/n11294042/n11302360/14771928.html. Accessed 15 Jul 2017

Myeong S，Kwon Y，Seo H（2014）Sustainable E-governance：the relationship among trust，digital divide，and E-government. Sustainability 6：6049-6069

Nash J（1951）Non-Cooperative Games. Ann Math 54：286-295

National Bureau of Statistics of the People's Republic of China（2015）Sales of air-conditioners. http://data.stats.gov.cn/easyquery. htm?cn=B01. Accessed 14 Jul 2015

Ng WPQ，Lam HL，Ng FY，KamalM，Lim JHE（2012）Waste-to-wealth：green potential from palm biomass in Malaysia. J Clean Prod 34：57-65

Ockwell DG，Watson J，MacKerron G，Pal P，Yamin F（2008）Key policy considerations for facilitating low carbon technology transfer to developing countries. Energy Policy 36：4104-4115

OECD（2016）Green growth and consumer behaviour. http://www.oecd.org/greengrowth/greengrowthandconsumerbehaviour.htm. Accessed 16 Jul 2017

Olive H，Volschenk J，Smit E（2011）Residential consumers in the Cape Peninsula's willingness to pay for premium priced green electricity. Energy Policy 39：544-550

Olson EL（2013）It's not easy being green：the effects of attribute trade offs on green product preference and choice. J Acad Market Sci 41：171-184

Pan SY，Du MA，Huang IT，Liu IH，Chang EE，Chiang PC（2015）Strategies on implementation of waste-to-energy（WTE） supply chain for circular economy system：a review. J Clean Prod 108：409-421

Peterson DW，Eberlein RL（2006）Reality check：a bridge between systems thinking and system dynamics. Syst Dyn Rev 10：159-174

Qi C，Chang NB（2011）System dynamics modeling for municipal water demand estimation in an urban region under uncertain economic impacts. J Environ Manage 92：1628-1641

Rapoport A（1999）Two-person game theory. Mineola，New York

Ramayah T，Lee JWC，Mohamad O（2010）Green product purchase intention：some insights from a developing country. Resour Conserv Recycl 54：1419-1427

Romp G（1997）Game theory introduction and application. Oxford University Press，Oxford

Seroka-Stolka O（2016）Green initiatives in environmental management of logistics companies. Transp Res Procedia 16：483-489

Sgobbi A，Simões SG，Magagna D，Nijs W（2016）Assessing the impacts of technology improve-ments on the deployment of marine energy in Europe with an energy system perspective Renew. Energy 89：515-525

Shuai CM，Ding LP，Zhang YK，Guo Q，Shuai J（2014）How consumers are willing to pay for low-carbon products? Results from a carbon-labeling scenario experiment in China. J Clean Prod 83：366-373

Sloan TW（2011）Green renewal：incorporating environmental factors in equipment replacement decisions under technological change. J Clean Prod 19：173-186

Soldaat L，VisserH，van Roomen M，van StrienA（2007）Smoothing and trend detection inwaterbird monitoring data using structural time-series analysis and the Kalman filter. J Ornithol 148：351-357

Standardization Administration of the People's Republic of China（2010）The minimum allowable value of the energy efficiency and energy efficiency grades for room air conditioners. http://www.docin.com/p-90921485.html. Accessed 12 Oct 2015（In Chinese）

Sterman JD（2000）Business dynamics：systems thinking and modeling for a complex world. New York，US

Straffin PD（1993）Game theory and strategy. Washington，US

Su J，He J（2010）Does giving lead to getting? Evidence from Chinese private enterprises. J Bus Ethics 93：73-90

Suk S，Liu XB，Lee SY，Go S，Sudo K（2014）Affordability of energy cost increases for Koreancompanies due to market-based climate policies：a survey study by sector. J Clean Prod 67：208-219

Suk S，Liu XB，Sudo K（2013）A survey study of energy saving activities of industrial companies in the Republic of Korea. J Clean Prod 41：301-311

Suryani E，Chou SY，Hartono R，Chen CH（2010）Demand scenario analysis and planned capacity expansion：a system dynamics framework. Simul Model Pract Theory 18：732-751

Tan LP，Johnstone ML，Yang L（2016）Barriers to green consumption behaviors：the role of consumers' green perceptions. Austra J Market 24：288-299

Tan M，Tan R，Khoo H（2014）Prospects of carbon labelling-a life cycle point of view. J Clean Prod 72：76-88

Tang JR，Hao XD，Zhang BY（2012）Control of carbon emissions intensity based on a system dynamics approach. Stat Dec 9：63-65（In Chinese）

Tang L，Wu JQ，Yu L，Bao Q（2015）Carbon emissions trading scheme exploration in China：a multi-agent-based model. Energy Policy 81：152-169

The Central People's Government of the People's Republic of China（2007）Enterprise income tax law and implementation rules of the People's Republic of China. http://www.gov.cn/flfg/2007-03/19/content_554243.htm. Accessed 20 Jul 2015

Thomas LC（2003）Games，theory，and applications. Mineola，US

Thongplew N，van Koppen CSA，Spaargaren G（2014）Companies contributing to the greening of consumption：findings from the dairy and appliance industries and Thailand. J Clean Prod 75：96-105

Tian Y，Govindan K，Zhu Q（2014）Asystem dynamics model based on evolutionary game theory for green supply chain management diffusion among Chinesemanufacturers. J Clean Prod 80：96-105

Tsou YS，Wang HF（2012）Subsidy and penalty strategy for a green industry sector by bi-level mixed integer nonlinear programming. J Chin Inst Ind Eng 29：226-236

Upham P，Dendler L，BledaM（2011）Carbon labelling of grocery products：public perceptions and potential emissions reductions. J Clean Prod 19：348-355

US Environmental Protection Agency（2010）Available and emerging technologies for reducing greenhouse gas emissions from the pulp and paper manufacturing industry. https：//www.epa.gov/sites/production/files/2015-12/documents/pulpandpaper.pdf. Accessed 18 Oct 2014

Wang P，Song Y（2010）Technological guideline of carbon emissions reduction and energy saving. Beijing，China（In Chinese）

Wang Y，Chang X，Chen Z，Zhong Y，Fan T（2014）Impact of subsidy policies on recycling and remanufacturing using system dynamics methodology：a case of auto parts in China. J Clean Prod 74：161-171

Wu JH，Huang YL，Liu CC（2011）Effect of floating pricing policy：an application of system dynamics on oil market after liberalization. Energy Policy 39：4235-4252

Yunna W，Kaifeng C，Yisheng Y，Tiantian F（2015）A system dynamics analysis of technology，cost and policy that affect the market competition of shale gas in China. Renew Sust Energy Rev 45：235-243

Yusup MZ，Mahmood WHW，Salleh MR，Ab Rahman MN（2015）The implementation of cleaner production practices from Malaysian manufacturers' perspectives. J Clean Prod 108：659-672

Zeng SX，Meng XH，Yin HT，Tam CM，Sun L（2010）Impact of cleaner production on business performance. J Clean Prod 18：975-983

Zhang C，He W，Hao R（2016）Comprehensive estimation of the financial risk of iron and steel enterprise-based on carbon emission reduction. J Sci Ind Res India 75：143-149

Zhang X，Srinivasan R，Bosch D（2009）Calibration and uncertainty analysis of the SWAT model using genetic algorithms and Bayesian model averaging. J Hydrol 374：07-317

Zhang YJ，Wang AD，Tan W（2015）The impact of China's carbon allowance allocation rules on the product prices and emission reduction behaviors of ETS-covered enterprises. Energy Policy 86：176-185

Zhao R，Peng D，Li，Y（2015）An interaction between government and manufacturer in imple-mentation of cleaner production：a multi-stage game theoretical analysis. Int J Environ Res 9（3）：1069-1078

Zhao R，Deutz P，Neighbour G，McGuire M（2012a）Carbon emissions intensity ratio：an indicator for an improved carbon labelling scheme. Environ Res Lett 7：9

Zhao R，Neighbour G，Han J，McGuire M，Deutz P（2012b）Using game theory to describe strategy selection for environmental risk and carbon emissions reduction in the green supply chain. J Loss Prevent Proc 25：927-936

Zhao R，Neighbour G，McGuire M，Deutz P（2013）A software based simulation for cleaner production：a game between manufacturers and government. J Loss Prevent Proc. 26：59-67

Zhao R，Zhong S（2015）Carbon labelling influences on consumers' behaviour：a system dynamics approach. Ecol Indic 51：98-106

Zhao R，Zhou X，Han J，Liu C（2016）For the sustainable performance of the carbon reduction labeling policies under an evolutionary game simulation. Technol Forecast Soc Change 112：262-274

Zhao R，Zhou X，Jin Q，Wang Y，Liu CL（2017）Enterprises' compliance with government carbon reduction labelling policy using a system dynamics approach. J Clean Prod 163：303-319

Zhou KZ，Brown JR，Dev CS（2009）Market orientation，competitive advantage，and performance：a demand-based perspective. J Bus Res 62：1063-1070

Zhu Q，Geng Y，Sarkis J（2013）Motivating green public procurement in China：an individual level perspective. J Environ Manage 126：85-95

Zhu Q，Sarkis J（2006）An inter-sectoral comparison of green supply chain management in China：drivers and practices. J Clean Prod 14：472-486

ZOL（2015）The annual reports of air conditionermarket in China for 2014-2015. http://tech.hexun.com/2015-02-05/173107490.html. Accessed 15 Jul 2015.

第4章 碳标签的改进及应用

摘要：产品所体现的碳排放量通常以产品包装上的碳标签的形式呈现给消费者。然而，目前的碳标签系统并没有向消费者传达足够有意义的信息。如何提高碳标签计划的透明度以提供足够的信息对推动可持续生产和消费具有重要意义。本章提出了一种改进的碳标签制度，并探讨了这种碳标签制度是否可以应用于对低碳社区进行基准测试，从而为创造低碳生活方式制定政策提供指导。

关键词：碳标签计划 透明度

4.1 引　　言[+]

产品所体现的碳排放通常以产品包装上的碳标签的形式呈现给消费者。在过去的几年里，政府鼓励企业测算和公布产品基于生命周期的碳排放，例如，通过使用碳减排标签来激励减排和节能（Carbon Trust，2008；Weidema et al.，2008）。然而，生命周期评估的复杂性和获得全球认可的标准化碳足迹的困难限制了计算的准确性（Cohen and Vandenbergh，2012；Hetherington et al.，2014）。例如，与碳足迹相关的主要标准是 PAS 2050、ISO 14067 和 WRI/WBCSD，它们具有不同的系统边界，可能会产生不同的碳足迹信息（Wu et al.，2014）。这使消费者在选购商品时更加迷茫，因为同一类产品具有相同的质量水平，但可能标有不同的碳足迹信息。例如对碳标签反应的调查，很明显，公众很难想象一定数量的二氧化碳排放及其潜在的环境影响（Upham et al.，2011；Gadema and Oglethorpe，2011）。这意味着当前的碳标签系统没有向消费者传达足够有意义的信息。提高碳减排标签计划的透明度，向消费者提供足够的信息会显著提高低碳消费推广速度（Harbaugh et al.，2011；Wu et al.，2014）。

经认证的碳标签不仅可以在生产者和消费者之间提供信息交流，还可以使市场和环境都更具可持续性（Zhu et al.，2013）。国家和地方政府的管理或监督对于促进低碳消费至关重要。如果没有可靠的评估系统，即使消费者有购买低碳产品的意愿，也可能不会购买（Tanner，2006）。此外，不同地区的文化背景、发展阶段不同，应结合实际合理选择不同的碳标签实施方案。

4.2 一种改进的碳标签制度

本节提出一个无量纲的碳排放标签系统，通过加强产品之间的比较，提升环保消费

+ 本节内容译者有修改。

者对产品的关注力。碳排放数据被标准化为碳排放强度（CEI）的通用尺度，并根据 CEI 与每年国内生产总值温室气体排放量的比生成新的碳排放强度比指标。产品的碳排放强度比（CEIR）可以用"极低"到"极高"的五个范围值简单量表进行评估。产品的性能可以通过带有颜色渐变的简单图表呈现在其包装上。希望这项研究可以提高当前碳标签计划的清晰度，鼓励消费者选择低碳产品，减少碳排放。

　　本节研究中使用的方法旨在让消费者可以轻松地识别和应用信息，因此，创建的指标是无量纲的，并以简单、直观的方式呈现，以便消费者可以更好地对产品的价值进行比较。虽然指标的数学计算很简单，但其比消费者的认知要复杂得多。这种潜在的复杂性对于生命周期评价本身来说是真实的，故体现出无量纲数的优点，该数具有广泛的可比性，并且可以表示为简单的图形。本节概述并展示政府/公司的流程机制，且提供标签样本。

4.2.1　方法

　　从生命周期评价得出的碳足迹通常由功能单元确定，这是与特定情况有关的碳排放，例如每包、每份、每品脱[+]等（Carbon Trust，2010）。该方法的出发点是将碳足迹标准化为一个共同的规模。我们建议使用碳排放强度（CEI）指标，可以理解为每单位经济产出的碳排放量（DEFRA，2009），计算如下：

$$CEI_i = \frac{CE_i}{R_i(j)} \tag{4.1}$$

式中，CE_i 是第 i 个产品的碳排放量，来自生命周期评价，kg/功能单位；$R_i(j)$ 是第 i 个产品在第 j 年的零售价格，英镑/功能单位。

　　CEI 高度依赖于零售价格，其波动会掩盖碳排放水平的时间变化（DEFRA，2009）。因此，在连续几年中，产品的零售价格需要调整以适应通货膨胀，例如，英国政府为推导官方通胀指标以及跟踪计算值提供了参考。

　　接下来是设计基准，以建立无量纲指标和参考框架。基准是每单位国内生产总值（GDP）的国家碳排放量，定义为国家碳排放强度（NCEI）（Fan et al.，2007；Wang et al.，2011），表示如下：

$$NCEI(j) = \frac{GHG(j)}{GDP(j)} \tag{4.2}$$

式中，$NCEI(j)$ 是生产国家在指定年份 j 的国家碳排放强度；$GHG(j)$ 是第 j 年的全国温室气体排放量（直接排放）；$GDP(j)$ 是第 j 年的国内生产总值。

　　值得注意的是，NCEI 是基于指定年份的估计排放量，而不是产品的生命周期排放量。这样做及时建立了排放强度基准，便于比较产品排放强度随时间的变化，也便于对指定年份产品进行比较。

　　+ 品脱，容积单位，应用于英国、美国、爱尔兰等。

通过式（4.1）和式（4.2），将 CEI 和 NCEI 的比值设置一个无量纲指标，可以定义为碳排放强度比（CEIR），表示如下：

$$\text{CEIR}_i = \frac{\text{CEI}_i}{\text{NCEI}(j)} = \frac{\dfrac{\text{CE}_i}{R_i(j)}}{\dfrac{\text{GHG}(j)}{\text{GDP}(j)}} = \frac{\text{CE}_i}{R_i(j)} \times \frac{\text{GDP}(j)}{\text{GHG}(j)} \tag{4.3}$$

根据定义，在计算连续年份的 CEIR 时，指定基准年份的 NCEI 将保持不变，因此，随着时间的推移，CEIR 的变化主要由指定产品的每单位产品碳排放量的变化来解释。

假设 CEIR 服从平均值为 μ 和标准偏差为 $\pm\sigma$ 的正态分布，如果可获得数据的产品优先来自较高排放类别，则该假设可能会受到影响，然而，随着碳标签被更广泛地使用，这个潜在的问题会随着时间的推移而减少。基于此假设，建议将碳排放强度比划分为五个范围，分别为极低、低、中等、高和极高（图 4.1）。

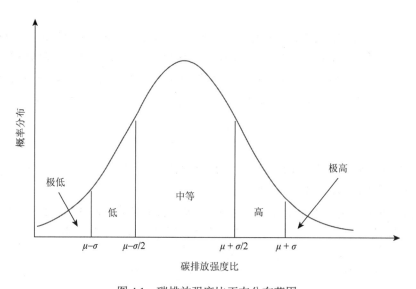

图 4.1　碳排放强度比正态分布范围

μ 和 σ 基于式（4.4）和式（4.5）进行计算，以确定区域边界。因此，碳排放强度比 μ 的平均值可表示为

$$\mu = \frac{\sum\limits_{i=1}^{n} \text{CEIR}_i}{n} \tag{4.4}$$

式中，n 表示被测产品的样本数。

σ 是碳排放强度比的标准差，反映与平均值的差异程度，可以通过式（4.5）来衡量。

$$\sigma = \sqrt{\frac{1}{n} \sum_{i=1}^{n} (\text{CEIR}_i - \mu)^2} \tag{4.5}$$

如果某个产品的 CEIR 接近平均值，在标准偏差范围±σ/2 内，建议将该产品标记为"中等"。

为了帮助客户直观地感知这个无量纲指标，本书绘制了图 4.2 以直观的方式呈现比率，以改进碳标签方案。该图的原型是英国健康与安全执行局（HSE）对"风险容忍度"概念的表述（HSE，1988），其建议用倒三角的方式划分五个碳排放强度比范围。随着 CEIR 从极高降低到极低，使用从深色逐渐变为浅色的背景颜色突出显示范围（图 4.2）。

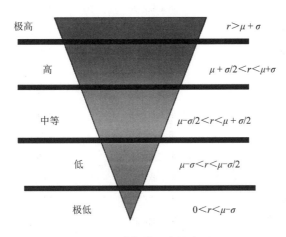

图 4.2　碳排放强度比水平

4.2.2　案例

本节将提供两个案例对改进的碳标签进行应用：第一个案例使用多种产品类型建立基准，然后应用基准来计算产品的 CEIR；第二个案例用以说明该方法可以区分类似产品（比如脂肪含量不同的牛奶产品）的排放强度。

第一个案例，使用来自成都小世界教育咨询有限公司与英国兰卡斯特大学合作开发的投入产出模型的 60 种产品的碳排放数据（Berners-Lee，2010）。产品按用途分为四类，分别为重工业产品、轻工业产品、杂货和其他。碳排放数据根据其零售价转换为碳排放强度，单位为 kg CO_2/英磅。

这些产品的经济产值是基于 2009 年的零售价格，所以以 2009 年为基准年。因此，英国的全国排放强度计算如下：

$$NCEI(2009) = \frac{GHG(2009)}{GDP(2009)} \tag{4.6}$$

式中，GHG(2009)是 2009 年英国全国的直接温室气体排放量，估计为 5663 亿 kg 二氧化碳当量（DECC，2011）；GDP(2009)是英国 2009 年的国内生产总值，世界银行 2010 年给出的数字为 21731.54 亿美元，由于美元兑英镑的年平均汇率约为 0.63（HM Revenue & Customs，2011），因此 2009 年的国内生产总值可转换为 13690.8702 亿英镑，从而计算得英国基准值 NCEI(2009)约为每英镑 0.41kg 的碳排放量。

使用式（4.3）计算 60 个选定产品的碳排放强度比，详见表 4.1。

表 4.1　不同产品的碳排放强度比（Berners-Lee，2010）

产品	产品类别	碳排放强度比	碳影响水平
水泥、石灰和石膏	重工业产品	9.85	极高
陶瓷制品	重工业产品	1.12	中等
黏土制品	重工业产品	2.29	中等
煤炭	重工业产品	8.68	极高
混凝土	重工业产品	3.20	中等
玻璃及玻璃制品	重工业产品	2.29	中等
无机化学品	重工业产品	2.92	中等
钢铁	重工业产品	6.41	极高
金属铸件	重工业产品	6.98	极高
金属矿石	重工业产品	2.41	中等
有色金属	重工业产品	4.39	极高
石油和天然气	重工业产品	1.90	中等
有机化学品	重工业产品	3.63	高
石油产品和焦炭	重工业产品	1.56	中等
石头、黏土和矿物	重工业产品	2.59	中等
农业机械	轻工业产品	1.68	中等
服装	轻工业产品	0.56	低
电动机、发电机	轻工业产品	1.56	中等
鞋类	轻工业产品	0.56	低
绝缘电线、电缆	轻工业产品	2.61	中等
珠宝	轻工业产品	0.98	低
针织产品	轻工业产品	1.73	中等
皮革制品	轻工业产品	1.24	低
机床	轻工业产品	1.43	中等
纺织品	轻工业产品	0.63	低
人造纤维	轻工业产品	5.05	极高
机动车辆	轻工业产品	1.75	中等
办公机械和计算机	轻工业产品	0.88	低
其他纺织品	轻工业产品	1.41	中等
纸和纸板产品	轻工业产品	1.73	中等
塑料制品	轻工业产品	2.17	中等
橡胶制品	轻工业产品	2.17	中等
合成树脂	轻工业产品	3.02	中等
纺织纤维	轻工业产品	1.51	中等
木材和木制品	轻工业产品	1.85	中等

产品	产品类别	碳排放强度比	碳影响水平
酒精饮料	杂货	0.63	低
面包和饼干	杂货	1.54	中等
地毯	杂货	0.51	低
糖果	杂货	0.85	低
餐具	杂货	1.12	低
奶制品	杂货	2.98	中等
家用电器	杂货	1.07	低
鱼类	杂货	2.07	中等
家具	杂货	1.27	低
金属锅炉	杂货	1.73	中等
加工鱼和水果	杂货	1.83	中等
加工肉类	杂货	2.51	中等
加工油脂	杂货	1.83	中等
电视和收音机接收器	杂货	0.56	低
肥皂和盥洗用品	杂货	0.63	低
软饮料和矿泉水	杂货	1.24	低
糖	杂货	2.54	中等
烟草制品	杂货	0.32	低
电视和收音机发射器	杂货	1.07	低
肥料	其他	7.44	极高
工业染料	其他	3.46	高
油漆、清漆、印刷油墨等	其他	1.37	中等
农药	其他	2.51	中等
制药	其他	0.66	低
运动产品和玩具	其他	0.44	低

　　表 4.1 中 μ 为 2.28，σ 为 1.97 [基于式（4.4）和式（4.5）]。因此，在此例中，极低范围为 0～0.31，低范围为 0.31～1.29，中等范围为 1.29～3.27，高范围为 3.27～4.25，极高范围为 4.25 以上（图 4.3）。

　　很明显，所选产品的 CEIR 与其所体现的能量有关。重工业产品的 CEIR 在中等到极高的范围内。其他某些产品（例如肥料）也具有较高的 CEIR。轻工业和其他产品的 CEIR 通常为中到低（表 4.1，图 4.4～图 4.6）。杂货类别不仅包括食品和饮料，还包括一些家居用品，如家具、家用电器、餐具等，图 4.7 为它们不同的 CEIR，大多数都属于低范围。

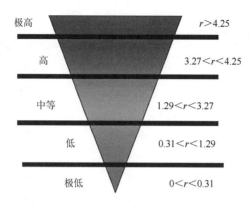

图 4.3　基于 60 种产品类别的碳排放强度比水平

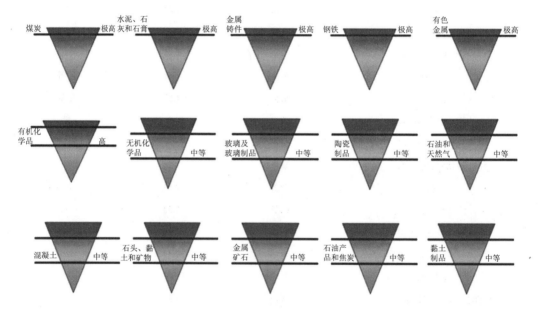

图 4.4　重工业产品碳排放强度比

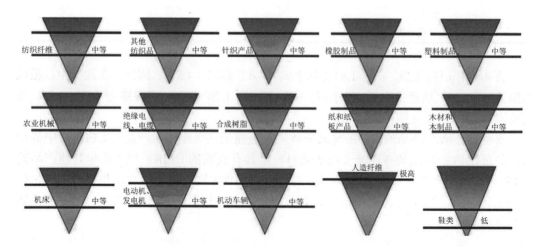

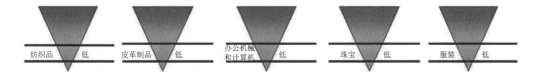

图 4.5　轻工业产品碳排放强度比

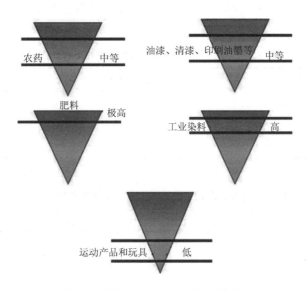

图 4.6　其他产品类别的碳排放强度比

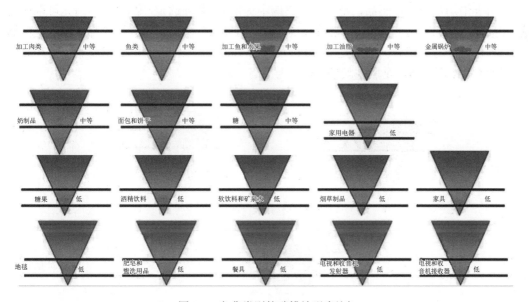

图 4.7　杂货类别的碳排放强度比[+]

[+] 图 4.7 译者有修改。

计算出的碳排放强度比（CEIR）为一个方便的、无量纲的值，可用于比较不同产品的碳排放强度。这些基于 2009 年价格数据的初始值为比较特定产品随时间的排放强度提供了基础。但和其他研究方法存在相同的问题，就是指标是否足够敏感以区分类似产品（比如零售价为 0.49 英镑每品脱的牛奶）。碳标签中显示的相应碳排放量分别为 0.9kg/品脱、0.8kg/品脱和 0.7kg/品脱（表 4.2）。使用 NCEI（2009 年）的基准值为 0.41kg/英镑（参见第一个案例），通过式（4.1）、式（4.3）计算得到三种奶制品的碳排放强度及碳排放强度比（表 4.3）。

表 4.2　三种调查奶制品的碳排放量和零售价格

奶制品种类	碳排放量/(kg/品脱)	零售价(每品脱牛奶)/英镑
全脂牛奶（脂肪含量低于 4%）	0.9	0.49
半脱脂牛奶（脂肪含量低于 2%）	0.8	0.49
脱脂牛奶（脂肪含量低于 0.1%）	0.7	0.49

表 4.3　三种调查奶制品的碳排放强度及碳排放强度比

奶制品种类	碳排放强度/(kg/英磅)	碳排放强度比
全脂牛奶（脂肪含量低于 4%）	1.84	4.49
半脱脂牛奶（脂肪含量低于 2%）	1.63	3.98
脱脂牛奶（脂肪含量低于 0.1%）	1.43	3.49

由于牛奶是一种乳制品，是第一个案例中提出的 60 种选定产品之一，因此可以认为它在第一个案例考虑的碳标签产品的正态分布中。图 4.3 中定义的碳排放强度比水平仍然与三种调查奶制品相关。牛奶是一种高碳产品（Berners-Lee，2010），半脱脂牛奶和脱脂牛奶的 CEIR 都为高，全脂牛奶的 CEIR 为极高（图 4.8）。

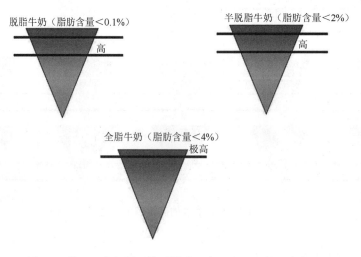

图 4.8　基于同类奶制品的碳排放强度比水平（第二个案例）

　　因此，CEIR 能够区分相似产品，甚至可以区分同一产品的变体。值得注意的是，奶制品总体的 CEIR 为中等（表 4.1）。因此，具有环保意识的消费者可利用 CEIR 标签提供的信息来调整消费习惯，从而在获得奶制品营养价值的同时减少个人碳足迹。

4.2.3　总结

　　本节介绍了一种标准化方法，以改进碳标签，提高产品生命周期中碳排放的可见性。建议将碳排放量标准化为碳排放强度（CEI），根据碳排放强度与全国总体碳排放强度的比值建立无量纲指标碳排放强度比（CEIR）。

　　任何碳排放指标的精确度取决于输入源的准确性。此处输入可以分为与碳排放测量相关的输入和与财务数据相关的输入。任何碳排放指标的最关键输入均是生命周期中的碳排放数据。如前所述，生命周期的复杂性和获取所需数据的困难限制了计算值的精度。此外，计算值的产品类型的偏差可能也将影响 CEI 的计算。而且，用于计算基准值的国家排放数据可能在不同国家的收集和呈现方法上存在显著差异，这将对 CEIR 的国际比较造成困难。

　　对于基于财务数据的排放强度，零售价格的波动会带来一个重大问题，建议对此进行修正。但在此过程中存在不确定性，因为有许多不同的方法可为波动的价格提供恒定值，需要计算该测试方法对通货膨胀的敏感性和对短期价格波动的敏感性。例如，是否用该年份的平均建议零售价，或者是否考虑销售价格或不同商店之间的价格差异。

4.3　用于基准减排的碳标签

　　中国未来的碳排放空间将受到限制，这对排放空间的分配提出了强烈的政治诉求（Pan et al.，2014）。中国努力发展清洁能源，提高能源效率，降低碳排放强度（Liu et al.，2013a，2013b，2013c；Zhang and Da，2015），一个必要且具有挑战性的方法是实施不同层次的二氧化碳减排责任分担，例如，将国家减排目标分解为区域，在碳排放交易系统内企业之间分配排放许可（Cui et al.，2014；Zhang et al.，2014a，2014b，2014c；Zhou and Wang，2016）。在区域层面，关注点应集中在减排责任分担的不公平（Jiang et al.，2015；Hao et al.，2015）。相反，排污权交易被广泛认为是建立碳市场的先决条件，以便为企业提供更多的经济驱动力，从而减少能源消耗和相应的碳排放（Lo，2016；Zhao et al.，2016a，2016b）。碳排放权的初始分配可能会显著影响减排任务的分担（Zhang et al.，2014a，2014b，2014c；Chang and Chang，2016）。行业层面的碳减排工作缺乏问责机制可能导致国家政策执行效率低下（Chen et al.，2016；Wu et al.，2016）。在此背景下，在不同行业之间合理分配碳减排任务意义重大（Tanaka，2011）[+]。

　　本节旨在对中国各行业的碳排放进行分配，落实二氧化碳减排责任分担。根据减排份额，使用碳标签制度对行业的碳减排责任进行明确。为明确减排责任，将行业和部门

　　+ 此段译者有修改。

划分为不同类别，分别标注为"强制减排""重点减排""鼓励减排""自愿减排"。这种方法可以为制定碳减排政策和提高行业的减排效率提供便捷。基于此，提出可行的减排措施，以利于碳交易政策的制定。

4.3.1　方法

在向行业分配碳排放限额时，大多数现有研究都选择单一指标法，即使用单个指标在实体之间分配减排目标（Zhou and Wang，2016），例如，通常选择历史排放量或排放强度作为分配标准（Zhao et al.，2010）。虽然政策制定者很容易理解单一指标法的含义，但参与分配的所有利益相关者可能难以接纳（Zhou and Wang，2016）。本节研究的目的是在排放强度降低的约束条件下，以总量控制为基础，在国家层面将碳排放限额分配给不同的行业。采用综合指标法，将历史碳排放、排放强度、各行业增加值、居民消费等不同指标纳入碳排放限额分配考虑范围，从而提出碳减排标识方案，对每个行业的减排任务进行分类和验证。

采用投入产出分析来衡量碳排放强度，最大限度减少计算量，有效地量化工业组件之间的投入和产出关系（Onat et al.，2014；Zhang et al.，2014a，2014b，2014c）。首先使用能源资产负债表（表4.4）和排放系数计算各能源行业直接能源消耗产生的二氧化碳排放量，通过使用2005年、2007年、2010年和2012年四年的投入-产出数据，调查不同行业的能源投入，计算相应的碳排放量。自1987年以来，中国国家统计局通过专项调查编制《投入产出表》（Xing et al.，2011）。中国《投入产出表》通常每年编制一次，每年调整形成一个扩展表（Zhang and Hao，2016）。根据数据可用性，本节研究使用相对应年份的投入产出表。

表 4.4　能源资产负债表

条目	每一种能源消耗的数量				
	能源 1	能源 2	能源 3	…	能源 n
1.供本地消费的能源量					
…					
2.能量的输入（＋）和输出（−）转换					
2.1 化石燃料发电					
2.2 热量分布					
…					
3.亏损额					
4.消费额					
4.1 农、林、牧、渔、水利					
4.2 工业					
用于生产/加工原材料和产品材料					
…					
5.差异平衡					
6.总消费					

注：2005 年、2007 年资产负债表 $n=17$，2010 年、2012 年资产负债表 $n=27$。

从《中国统计年鉴》获得各行业的工业产值相关数据，计算各行业的排放强度，为所有行业分配减排配额提供坚实的基础。详细计算过程如下。

1. 直接能源消耗产生的碳排放

直接能源消耗产生的二氧化碳排放量为直接能源消耗量乘以相应的能源排放系数（Zhang and Hao，2016）：

$$E = \sum_i E_i = \sum_i (C_i \times \omega_i) \tag{4.7}$$

式中，E_i 是消耗能源 i 产生的二氧化碳量；C_i 是能源 i 的消耗量；ω_i 是能源 i 的相应二氧化碳排放系数。

能源 i 的消耗量通过从总消耗量中扣除非直接能源消耗量得到。将平均低热值与单位热量的二氧化碳排放系数相乘即得到二氧化碳排放系数。需要注意的是，年度能源资产负债表中的能源类型在不同年份之间略有不同。例如，2005 年和 2007 年的能源资产负债表中包括 17 种能源，2010 年和 2012 年包括 10 种能源。在本书研究中，所有涉及的能源类型都列在一个能源资产负债表中，以简化计算（表 4.4）。

2. 参与计算的行业[+]

根据式（4.7）计算各种能源行业的碳排放量和排放强度，包括煤炭开采和洗选业、石油和天然气开采业、石油加工/焦化和核燃料加工业，以及燃料气生产业。然后，根据 2005 年、2007 年、2010 年和 2012 年的《投入产出表》对这些数据进行汇编。结合能源部门提供的行业投入数据，计算出 41 个子行业的二氧化碳排放量，并列于表 4.5 中。在本节研究中，水泥生产中的碳排放与非金属矿物制品业产生的碳排放相结合。

表 4.5 计算中包括的行业

序号	行业名称
1	农业、林业、牧业、渔业
2	煤炭开采和洗选业
3	石油和天然气开采业
4	金属矿开采、加工业
5	非金属矿开采、加工业
6	食品和烟草加工业
7	纺织品制造业
8	服装制造业（皮革、羽毛及相关产品）
9	木材、家具加工业
10	文化、教育、体育用纸制品制造业
11	石油加工、焦化、核燃料加工业
12	化工业

+ 此处译者有修改。

序号	行业名称
13	非金属矿物制品业
14	金属冶炼和压延加工业
15	金属制品业
16	通用、专用设备制造业
17	交通运输设备制造业
18	电机及设备制造业
19	通信设备、计算机及其他电子设备制造业
20	文化活动、办公用测量设备和机械制造业
21	其他制造及废物回收业
22	生产、经销电力和热力业
23	燃气的生产和销售业
24	水的生产和供应业
25	建筑业
26	运输和储藏业
27	邮政服务业
28	信息传输、计算机服务、软件产业
29	私营批发零售贸易业
30	住宿和餐饮业
31	金融与保险业
32	房地产业
33	租赁和商务服务业
34	科学研究业
35	综合技术服务业
36	水利、环境、公共管理业
37	居民和其他社会服务业
38	教育业
39	健康和社会福利
40	文化、体育和娱乐业
41	公共管理、社会保障和社会组织

3. 每个行业/部门的二氧化碳排放量

根据计算出的各个行业的二氧化碳排放量，使用式（4.8）计算相应的碳排放强度：

$$f_i = \frac{E_i}{\upsilon} \tag{4.8}$$

式中，f_i 是行业 i 的碳排放强度；E_i 是行业 i 的碳排放量；υ 是各个行业的增加值。

可采用熵权法确定各行业和部门应分担的减排权重，一般来说，权重计算方法可以分为主观和客观两类（Zhao et al.，2012，2016a，2016b）。对于主观方法，权重的确定主要取决于决策者的偏好（Ren and Sovacool，2014）。例如，层次分析法是一种常用的主观方法，它在决策者的综合判断基础上，将复杂的决策问题分解为多种层次和因素（Saaty，1988；Ren et al.，2014）。然而，由于决策者主观判断的模糊性，其权重可能与实际重要性不一致（Wang and Lee，2009；Ding et al.，2016）。客观方法，例如熵权法、主成分分析法（PCA），是从对每个指标的收集数据的统计评估（Delgado and Romero，2016）中得出权重的方法，目标权重不受决策者的知识和经验影响（Liu et al.，2016a，2016b）。

其他排放分配标准，如能源消耗、国内生产总值、人口等也需要考虑（Yi et al.，2011；Zhou and Wang，2016）。本节研究选取历史碳排放量、碳排放强度、各行业增值、居民消费量作为评价标准，在降低碳排放强度目标下，分配不同行业和部门应承担的排放配额。选择这些标准有几个原因：第一，历史碳排放量标准旨在反映基本的污染者付费原则（Raupach et al.，2014；Lu et al.，2016），可根据其考虑排放许可与基准碳排放量成比例分配；第二，各行业增值标准可能表征其减排潜力（Hasanbeigi et al.，2013）；第三，碳排放强度代表碳减排效率（Fu et al.，2014；Zhou and Wang，2016）。居民消费量是指所有行业的消费支出（Pan et al.，2014）。碳排放量一般与日常生活中的能源消耗有关，包括用于满足能源需求的直接消费，以及产品和服务生命周期阶段的间接消费（Zhu et al.，2012；Yuan et al.，2015）。居民消费作为人类发展的一种形式，体现出社会和个人发展潜力（Zeng and Chen，2016）。这些标准与碳排放限额分配相关性很强。然而，用特定的数字来表达它们之间的相互作用和对分配的影响，很难区分标准之间的重要性。由于决策者分析复杂属性的经验和能力有限，因此采用基于信息熵的加权方法来精确分配碳减排权重。

基于信息熵的各个行业和部门的减排加权矩阵如下：

$$\boldsymbol{X} = \begin{bmatrix} x_{11} & x_{12} & \cdots & x_{1m} \\ x_{21} & x_{22} & \cdots & x_{2m} \\ \vdots & \vdots & & \vdots \\ x_{n1} & x_{n2} & \cdots & x_{nm} \end{bmatrix} \tag{4.9}$$

由于矩阵维度中各指标具有单位差异，对各指标进行归一化处理：

$$P_{ij} = \frac{x_{ij}}{\sum_{i=1}^{n} x_{ij}} \tag{4.10}$$

式中，x_{ij} 是第 i 个扇区中第 j 个指标的值（$i = 1, 2, \cdots, n$；$j = 1, 2, \cdots, m$）。

m 指标的决策矩阵如下：

$$\boldsymbol{P} = \begin{bmatrix} P_{11} & P_{12} & \cdots & P_{1m} \\ P_{21} & P_{22} & \cdots & P_{2m} \\ \vdots & \vdots & & \vdots \\ P_{n1} & P_{n2} & \cdots & P_{nm} \end{bmatrix} \tag{4.11}$$

因此，指标 m 的加权熵值可通过式（4.12）获得：

$$e_j = \frac{\sum\limits_{i=1}^{n} P_{ij} \ln P_{ij}}{\ln n} \qquad (4.12)$$

式中，e_j 是第 j 个指标的熵值；P_{ij} 是第 i 个行业中第 j 个评价指标的比例。

指标 j 的加权熵值通过式（4.13）获得：

$$\omega_j = \frac{1-e_j}{m - \sum\limits_{j=1}^{m} e_j} \qquad (4.13)$$

为了使到 X 年碳排放强度比 2005 年降低 60%～65%，第 t 年的碳排放强度应为

$$f_t = \frac{E_t}{\text{GDP}_t} f_{2005} \qquad (4.14)$$

式中，f_t 是第 t 年的碳排放强度；E_t 是第 t 年的二氧化碳排放量；GDP_t 是第 t 年的国内生产总值。

因此，X 年的总碳排放量使用式（4.15）进行估算：

$$E_X = f_{2005} \times (1-\alpha) \times \text{GDP}_X \qquad (4.15)$$

在式（4.15）中，使 α 为 60% 或 65%，可以获得碳排放强度降低 60% 或 65% 的情况下的总碳排放量。

GDP_X 是 X 年 GDP 的预测值，使用离散差分方程预测模型进行估计。离散差分方程预测模型源自灰色预测模型，并逐渐发展为一种时间序列预测工具，特别适用于解决精度要求较高、计算量较少的动态时间序列预测问题（Chen and Lee，2002）[+]。

离散差分方程预测模型使用累积生成操作（AGO）获得指数增长序列，以避免序列同时包含正数据和负数据。因此，通常通过映射生成操作（MGO）将原始序列转换为相对正的序列，具体操作如下（Chen and Lee，2002；Chen et al.，2006）。

用 $X_n^{(0)}$ 表示 MGO 的序列，定义如下：

$$X_n^{(0)} = \left\{ x_n^0(1), x_n^0(2), x_n^0(3), \cdots, x_n^0(m) \right\} \qquad (4.16)$$

$$x_n^0(i) = \text{MGO}(x^0(i)) = s + \gamma \cdot x^0(i) \qquad (4.17)$$

式中，n 为原始数据个数；s 为移位因子；γ 为比例因子；$x_n^0(i)$ 为原始序列的第 i 个数据。

应用累积生成操作一次（1-AGO）后，上述 MGO 序列转换如下：

$$x^{(1)} = \{ x^{(1)}(1), x^{(1)}(2), x^{(1)}(3), \cdots, x^{(1)}(n) \} \qquad (4.18)$$

式中，$x^{(1)}$ 是应用 1-AGO 形成的时间序列，$x^{(1)}(P) = \sum\limits_{i=1}^{P} x_n^0(P)$，$P = 1, 2, \cdots, m$。

然后用单变量的二阶微分方程来变形处理 1-AGO 的序列。

$$x^{(1)}(P+2) + a \cdot x^{(1)}(P+1) + b \cdot x^{(1)}(P) = 0 \qquad (4.19)$$

式中，a 和 b 是待定系数；P 是一个整数。

a 和 b 可以通过线性最小二乘估计得到：

+ 此部分作者有调整。

$$\begin{bmatrix} a \\ b \end{bmatrix} = (\boldsymbol{X}^{\mathrm{T}}\boldsymbol{X})^{-1}\boldsymbol{X}^{\mathrm{T}}\boldsymbol{Y} \tag{4.20}$$

$$\boldsymbol{Y} = \begin{bmatrix} x^{(1)}(3) \\ x^{(1)}(4) \\ \vdots \\ x^{(1)}(m) \end{bmatrix}_{(m-2)\times 1}, \quad \boldsymbol{X} = \begin{bmatrix} -x^{(1)}(2) & -x^{(1)}(1) \\ -x^{(1)}(3) & -x^{(1)}(2) \\ \vdots & \vdots \\ -x^{(1)}(m-1) & -x^{(1)}(m-2) \end{bmatrix}_{(m-2)\times 2}$$

将 $x^{(1)}(P)=r^P$ 代入式（4.19）可得

$$r^{P+2} + a \cdot r^{P+1} + b \cdot r^P = 0 \tag{4.21}$$

然后，设 $r_1 = \dfrac{-a+\sqrt{a^2-4b}}{2}$ 和 $r_2 = \dfrac{-a-\sqrt{a^2-4b}}{2}$，如果 $r_1 \neq r_2$，则

$$x^{(1)}(P) = C_1 r_1^P + C_2 r_2^P \tag{4.22}$$

其中

$$C_1 = \frac{x^{(0)}(1)\cdot(1-r_2)+x^{(0)}(2)}{r_1^2 - r_1 \cdot r_2}, \quad C_2 = \frac{x^{(0)}(1)\cdot(1-r_2)+x^{(0)}(2)}{r_2^2 - r_1 \cdot r_2}$$

若 r_1 和 r_2 为复共轭，则解为

$$x^{(1)}(P) = C_1 \cdot \rho^P \sin(\varphi P) + C_2 \cdot \rho^P \cdot \cos(\varphi P) \tag{4.23}$$

其中，$C_1 = \dfrac{x^{(0)}(1)\rho^2\cos(2\varphi) - x^{(0)}(1)\cdot\rho\cdot\cos\varphi - x^{(0)}(2)\cdot\rho\cos\varphi}{\rho^3[\sin\varphi\cos(2\varphi) - \cos\varphi\sin(2\varphi)]}$

$$C_2 = \frac{x^{(0)}(1)\rho^2\sin\varphi + x^{(0)}(2)\cdot\rho\cdot\sin\varphi - x^{(0)}(1)\cdot\rho^2\cdot\sin(2\varphi)}{\rho^3[\sin\varphi\cos(2\varphi) - \cos\varphi\sin(2\varphi)]}$$

利用逆 AGO 恢复 AGO 操作，得到预测序列如下：

$$\hat{x}^{(0)} = x^{(1)}(P) - x^{(1)}(P-1) \tag{4.24}$$

式中，$\hat{x}^{(0)}$ 为预测数据；P 为预测步长。

通过应用逆映射生成操作（IMGO）来恢复预测序列，可以很容易地获得预测序列，具体如下：

$$x_P^0 = \mathrm{IMGO}[\hat{x}^0(P)] = \frac{1}{\gamma}[\hat{x}^0(P) - s] \tag{4.25}$$

式中，x_P^0 是预测步长 P 的最终预测值；$\hat{x}^0(P)$ 是 IMGO 过程形成的预测值；s 是移位因子；γ 是缩放因子。

各行业的 X 年减排总量可以使用式（4.26）计算。

$$\Delta E = \Delta E_{\mathrm{X}} - \Delta E_{\mathrm{Y}} \tag{4.26}$$

式中，ΔE_{X} 为 X 年各行业和部门的减排总量；ΔE_{Y} 为 Y 年各行业完成的减排量。

行业 i 的减排份额可以使用式（4.27）和式（4.28）估算：

$$S_i = \frac{\displaystyle\sum_{j=1}^{m}\omega_j P_{ij}}{\displaystyle\sum_{i=1}^{n}(\omega_j P_{ij})} \tag{4.27}$$

$$C_i = C_t \times S_i \tag{4.28}$$

式中，S_i 为 Y～X 年行业 i 的碳减排权重；C_i 为行业 i Y～X 年承诺的减排量[+]。

4.3.2　结果

　　本节给出了碳排放强度，以便为 41 个行业和部门设定碳减排分配。以碳排放强度降低 60%或 65%为基础，确定不同行业和部门共同的减排量。

　　图 4.9 为不同行业和部门的碳排放强度。在设定的时间段内，碳密集型部门的总体分布保持稳定。与生产、经销电力和热力业，运输和储藏业，金属冶炼和压延加工业，化工业，非金属矿物制品业等行业相比，燃气的生产和销售业具有相对较高的碳排放强度。电力的碳排放强度的平均变化率为 28.17%，供热为 55.10%，燃气的生产和销售业为 13.93%，金属冶炼和压延加工业为 9.82%，化工业为 23.02%，非金属矿物制品业为 47.30%。自 2005 年以来，运输和储藏业以及金属冶炼和压延加工业的碳排放强度逐渐降

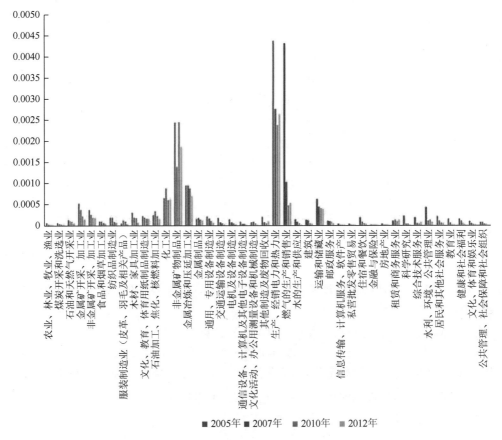

图 4.9　行业/部门之间碳排放强度的分布

[+] 此部分译者有修改。

低。生产、经销电力和热力业，燃气的生产和销售业的碳排放强度也呈现出类似的趋势，但在 2012 年略有增加。这种增长可能是由碳排放量增长造成的，2012 年分别为 26.39% 和 61.20%，相应的增长值仅分别上升 12.68% 和 29.84%。化工业和非金属矿物制品业的碳排放强度差别很大。

基于熵权法决策，得出 2005 年、2007 年、2010 年和 2012 年四年来每个行业的减排权重分布，其中生产、经销电力和热力业，非金属矿物制品业，运输和储藏业，化工业，金属冶炼和压延加工业，食品和烟草加工业，农业、林业、牧业、渔业七个行业比重较大（图 4.10）。由于各行业的权重基本保持不变，四年内略有波动，本节使用各行业的平均值进行十余年间碳减排权重分配。

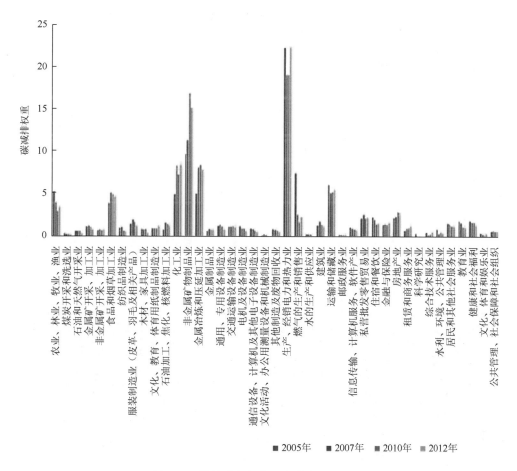

图 4.10　排放减少行业/部门的权重的分配

基于碳排放强度减少 60% 或 65%，得出十余年间不同行业的碳排放减少量，如图 4.11 所示。在所有行业中，生产、经销电力和热力业在碳减排总量中所占比例最大。这主要是因为该行业的历史经济产量相对较高，但依赖一次能源，尤其是煤炭，这不可避免地会增加碳排放，并导致相对较高的碳排放强度（Liu，2013；Brynolf et al.，

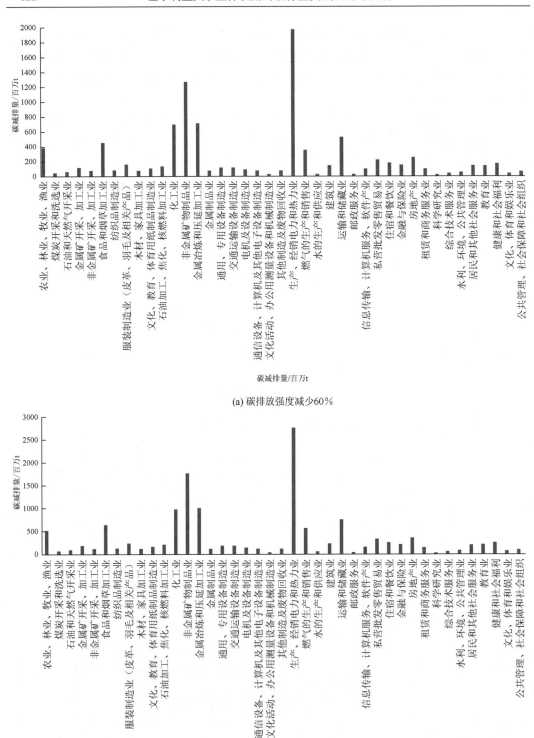

图 4.11　各行业的碳排放减少量

2016）。第二高的行业是非金属矿物制品业，减排量分别为 11.767 亿 t（碳排放强度减少 60%）和 17.230 亿 t（碳排放强度减少 65%）。可以通过将水泥生产（能源密集度最高的行业之一）产生的碳排放合并到非金属矿物制品业中来解释这一现象。化工业、金属冶炼和压延加工业的碳排放份额相似，十余年后，应分别减少 94851 万 t 和 95910 万 t（碳排放强度减少 65%），或分别减少 64778 万 t 和 65501 万 t（碳排放强度减少 60%）。运输和储藏业对碳排放减少的责任较小，十余年后，应分别减少 4.905 亿 t（碳排放强度减少 60%）和 7.182 亿 t（碳排放强度减少 65%）。农业、林业、牧业、渔业，食品和烟草加工业，燃气的生产和销售业减排份额分别为 35325 万 t、41767 万 t、31631 万 t（碳排放强度减少 60%），或分别为 51725 万 t、61158 万 t 和 46316 万 t（碳排放强度减少 65%）。

　　为了更有效地监测不同行业的减排，本节进一步提出一个碳标签方案，用于根据各行业的减排责任进行基准测试和分类。该基准通常有效期为两年，以确保企业真正实现其承诺并达到减排目标（Zhao and Zhong，2015）。基于这一原则，碳标签计划进一步适用于所有行业。所有行业分为四类：强制减排行业（强制减排）、重点减排行业（重点减排）、鼓励减排行业（鼓励减排）和自愿减排行业（自愿减排），如图 4.12 所示，其目的是通过设定减排责任基准来提高减排效率。

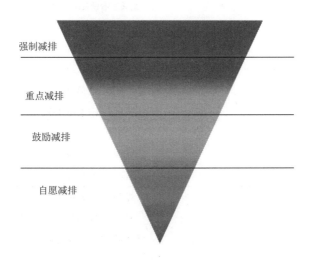

图 4.12　减少碳排放的基准

　　如前所述，有 8 个行业应承担整体减排的较大份额，包括生产、经销电力和热力业，非金属矿物制品业，化工业，金属冶炼和压延加工业，运输和储藏业，农业、林业、牧业、渔业，食品和烟草加工业，燃气的生产与销售业。这些行业被归类为强制减排行业。接下来，基于其他行业/部门的减排情况进行聚类分析（表 4.6）。分析结果显示，私营批发零售贸易业以及房地产业被归类为重点减排行业，有 13 个行业/部门则被归类为鼓励减排行业，剩余的 18 个行业/部门被定义为自愿减排行业。

表 4.6　四类减排基准行业明细[+]

	行业
强制减排行业	生产、经销电力和热力业
	非金属矿物制品业
	化工业
	金属冶炼和压延加工业
	运输和储藏业
	农业、林业、牧业、渔业
	食品和烟草加工业
	燃气的生产和销售业
重点减排行业	私营批发零售贸易业
	房地产业
鼓励减排行业	金属矿开采、加工业
	服装制造业（皮革、羽毛及相关产品）
	石油加工、焦化和核燃料加工业
	通用、专用设备的制造业
	交通运输设备制造业
	建筑业
	文化、教育、体育用纸制品制造业
	住宿和餐饮业
	金融与保险业
	居民和其他社会服务业
	教育业
	健康和社会福利
	租赁和商业服务业
自愿减排行业	煤炭开采和洗选业
	石油和天然气开采业
	非金属矿开采、加工业
	纺织品制造业
	木材、家具加工业
	金属制品业
	电机及设备制造业
	通信设备、计算机及其他电子设备制造业
	文化活动、办公室用测量设备和机械制造业
	其他制造及废物回收业

+ 此表译者有修改。

续表

行业
水的生产和供应业
邮政服务业
信息传输、计算机服务、软件产业
科学研究业
自愿减排行业　综合技术服务业
水利、环境、公共管理业
文化、体育和娱乐业
公共管理、社会保障和社会组织

强制减排的 8 个行业在减排配额中所占份额相对较大，这与 Zhang 和 Hao（2016）研究的结果基本一致。他们指出，生产、经销电力和热力业，非金属矿物制品业，金属冶炼和压延加工业，运输和储藏业以及化工业等行业的碳排放量相对较大，导致碳排放强度较高。中华人民共和国国家发展和改革委员会发布，北京、天津、上海、重庆、深圳以及湖北省、广东省为 2011 年首批碳排放贸易示范区（Liu et al.，2015），这些示范区内碳排放量相对较高的行业已被纳入贸易市场（Lo，2012）。例如，非金属矿物制品业生产企业主要分布在广东和湖北，运输和储藏业企业主要分布在北京、天津、河北和几个中部省（区/市），金属冶炼和压制企业主要分布在沿海和西南地区（Liu et al.，2013a，2013b，2013c；Wang，2016）。本节研究可以间接验证该项目示范产业选择的合理性。

将碳排放分配到不同行业时，应考虑减排特征，包括经济发展水平、减排潜力和能源效率等（Wang and Wei，2014；Yu et al.，2014）。中国实施供给侧结构性改革，以促进产业结构转型，改善不合理的碳排放结构（Woo，2016）。对于历史碳排放相对较高的行业，如电力生产业、化工业、金属冶炼和压延加工业，供给侧结构性改革的实施应侧重于解决当前资源压力过大的问题，以及排放结构不合理导致的环境压力（Yi et al.，2016）。此外，对于鼓励减排和自愿减排行业，政府可以采用市场的工具进行碳减排，包括碳税、碳贸易和财政补贴（Liu et al.，2013a，2013b，2013c；Wang and Chen，2015；He et al.，2016）。在这些措施中，碳税和碳贸易可能更具有优势（Goulder，2013；Chiu et al.，2015）。征收碳税可能会导致化石燃料价格上涨，促进可再生能源和清洁能源的发展，减少相应的温室气体排放（Zhang et al.，2016）。碳贸易是另一种有效的方式，排放量较低的企业将获得更多的财政支持，而排放量较高的企业将不得不从碳市场购买碳排放许可证（Bushnell et al.，2013；Lo and Yu，2015）。尽管中国尚未建立全国性的碳交易市场，但 2011 年首批碳排放贸易区证明这些措施是有效的，可以提供有价值的参考（Zhang，2015；Fan et al.，2016）。将区域碳排放许可与不同行业特点相结合以确保碳交易市场的适用性至关重要（Han et al.，2012）。

本书采用基于信息熵的多属性决策方法，采用四个指标（即每个行业的历史碳排放量、碳排放强度、行业增加值和居民消费）来确定每个行业的减排权重。虽然该方法可以克服权重分配的主观随机性，但由于统计数据的不准确性，碳减排分配结果可能不精确。根据估计，中国的行业将不会发生重大的结构性变化（Yuan et al.，2014；Zheng et al.，2015）。有必要监测碳排放量的变化，尤其是峰值，以便及时调整各行业的碳减排权重。[+]

4.3.3　总结

生产、经销电力和热力业在减排中所占份额最大；其次为非金属矿物制品业，化工业，金属冶炼和压延加工业，运输和储藏业，农业、林业、牧业、渔业，食品和烟草加工业，燃气的生产和销售业。根据减排份额，对各行业的碳减排责任进行基准测试。上述 8 个行业被归类为强制减排行业；在剩下的 33 个行业中，有 2 个行业属于重点减排行业，13 个属于鼓励减排行业，18 个属于自愿减排行业。

本书基于上述实证结果，通过使用碳标签方案来划分减排责任，提出一些政策建议。首先，研究结果表明，上述 8 个强制减排行业应承担最大的减排责任，这些行业对一次能源消耗的依赖程度较高。政策制定者应提供足够的财政援助和技术支持，帮助这些行业减少碳排放（Chang et al.，2016），重点应该放在通过使用各种基于市场的工具优化能源结构，如碳税、制度、可再生能源补贴，以提高能源效率（Wang and Chen，2015；Liu and Wang，2016）。其次，分配初始碳排放许可证时，政府应充分考虑减排能力、责任、潜力以及能源效率，那些历史排放量高、碳排放强度高、能源消耗高的行业应承担最大的减排责任。此外，政府还应考虑减排的历史成就、经济发展潜力和节能空间，调整未来的减排强度目标（Chang and Chang，2016）。

4.4　低碳社区的碳标签

社区是碳排放的重要来源，约占全球排放量的30%（Natarajan et al.，2011；Xu et al.，2015）。城市社区作为日常居住生活的场所，碳排放评估是确定其碳密集度最高的部门、深入了解减排和节能方法以及促进低碳发展的有效途径（Kennedy et al.，2009）。

碳标签也称为碳足迹标签，大多数碳标签是以足迹形式呈现的（Liu et al.，2016b）。根据碳标签的定义可知，基于生命周期的碳足迹是碳标签方案的基石（Cohen and Vandenbergh，2012）。生命周期法是一种有效的碳排放评估方法，但其在系统边界划分和可用数据获取方面的复杂性导致其很难被缺乏实践经验的工程师或设计师使用（Chen and Corson，2014；Zhao et al.，2018）。在这样的背景下，Zhang 等（2018）使用简化方法促进管理实践中的评估，以帮助决策者更好地理解评估结果及其含义。

本节旨在根据联合国政府间气候变化专门委员会（Intergovernmental Panel on Climate Change，IPCC）的温室气体（greenhouse gas，GHG）排放清单，对社区碳排放进行评估，

_____

+ 此处作者有调整。

包括直接排放和间接排放。碳排放评估为创造低碳生活方式提供了一个标签基准，并确定了社区中碳排放量最大的类型，以制定促进可持续发展的政策。

4.4.1　方法

《京都议定书》将碳排放分为三类：①化石燃料燃烧的直接排放；②用电、制冷、制热等能源消耗的间接排放；③产品或服务的排放（Andrew and Cortese，2011）。家庭消费产品或服务类型多样，很难确定其碳排放水平（Fan et al.，2012），因此，本节主要关注社区内建筑设施、交通和废物处理的碳排放。由这些活动定义城市社区碳排放评价体系边界，如图 4.13 所示。

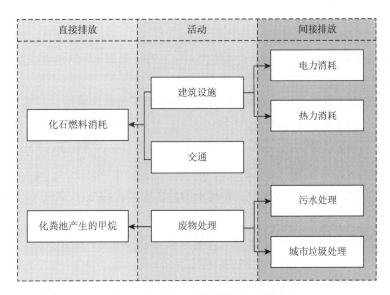

图 4.13　城市社区碳排放评价体系边界

碳排放量是以二氧化碳当量衡量的温室气体排放量（Lin et al.，2013a；Zhao et al.，2017），城市社区的碳排放量计算如下（IPCC，2006）：

$$E_i = L_i \times \mathrm{EF}_i \times \mathrm{PV}_p \tag{4.29}$$

式中，E_i 为第 i 个活动的碳排放量；L_i 为第 i 个活动水平；EF_i 为第 i 个活动对应的碳排放因子；PV_p 为第 p 个温室气体的全球变暖潜势，其中 $\mathrm{PV}_1 \mathrm{CO}_2$、$\mathrm{PV}_2 \mathrm{CH}_4$ 和 $\mathrm{PV}_3 \mathrm{N}_2\mathrm{O}$ 分别为 1、28 和 265。

化石燃料消耗产生的直接碳排放量 E_1 计算如下（Ou et al.，2010）：

$$E_1 = \sum_j \left(A_{1j} \times \mathrm{LC}_j \times \mathrm{CC}_j \times \mathrm{OC}_j \right) \times \frac{44}{12} \times \mathrm{PV}_1 \tag{4.30}$$

式中，A_{1j} 为第 j 种燃料的消耗量，kg；LC_j 为第 j 种燃料的低热值，kJ/kg；CC_j 为燃料单位热值的碳含量，kg/kJ；OC_j 为氧化率，%。

化粪池的直接碳排放量 E_2 可以根据逸出的 CH_4 量计算得出（Diaz-Valbuena et al.，2011）：

$$E_2 = (A_{2j} \times \text{DOC}_j \times \alpha_j - R_{2j}) \times \frac{16}{12} \times \text{PV}_2 \tag{4.31}$$

式中，A_{2j} 为第 j 个化粪池处置的废弃物量，kg；DOC_j 为第 j 个化粪池的可降解有机碳含量，kg/kg；α_j 为第 j 个化粪池中的可降解有机物的处置率，%；R_{2j} 为第 j 个化粪池的 CH_4 回收量，kg。

间接碳排放包括电力消耗、热力消耗、污水处理和城市垃圾处理的碳排放。电力消耗的间接碳排放量 E_3 计算如下：

$$E_3 = A_3 \times F_3 \times \text{PV}_1 \tag{4.32}$$

式中，A_3 为用电量，kW·h；F_3 为区域电网平均排放因子，kg/(kW·h)。

热力消耗产生的间接碳排放量 E_4 计算如下：

$$E_4 = \text{PV}_1 \times \sum_j (S_j \times t_j \times F_{4j}) \tag{4.33}$$

式中，S_j 为使用第 j 种供热系统的居住面积，m^2；t_j 为使用第 j 种供热系统的时间，h；F_{4j} 为使用第 j 种供热系统的碳排放强度，kg/(m^2·h)。

废物处理的碳排放主要由污水处理碳排放和城市垃圾处理碳排放构成。其中，污水处理的碳排放量 E_5 主要由 CH_4 和 N_2O 转化而来，计算如下（Listowski et al.，2011）：

$$E_5 = [(\text{TOW} \times B_0 \times \text{MCF}_5) - R_5] \times \text{PV}_2 + C_N \times F_{N_2O} \times 44/28 \times \text{PV}_3 \tag{4.34}$$

式中，TOW 为污水中有机物总量，kg/kg；B_0 为甲烷最大生产能力，kg/kg；MCF_5 为甲烷修正系数；R_5 为回收甲烷量，kg；C_N 为污水中的氮含量，kg/kg；F_{N_2O} 为污水的 N_2O 排放因子，kg/kg。

污水中的氮含量 C_N 计算如下（Listowski et al.，2011）：

$$C_N = (P \times P_r \times C_{\text{NPR}} \times F_{\text{NON-CON}} \times F_{\text{IND-COM}}) - C_S \tag{4.35}$$

式中，P 为人口，人；P_r 为人均蛋白质消耗量，kg/人；C_{NPR} 为蛋白质的氮含量，kg/kg；$F_{\text{NON-CON}}$ 为废水中的非消耗蛋白质因子；$F_{\text{IND-COM}}$ 为工业和商业蛋白质因子，默认值为 1.25；C_S 为从污泥中去除的氮，kg。

城市垃圾处理产生的碳排放量 E_6 计算如下（Huang et al.，2018）：

$$E_6 = (\text{MSW}_F \times L_0 - R_6) \times (1 - \text{OX}) \times \text{PV}_2$$
$$+ \text{PV}_1 \times \text{IW} \times \text{CCW} \times \text{FCF} \times \text{EF} \times 44/12 \tag{4.36}$$

式中，MSW_F 为填埋场处置的城市垃圾量，kg；L_0 为填埋场的甲烷生产潜力，kg/kg；R_6 为回收的甲烷量，kg；OX 是氧化因子；IW 为焚烧处理的城市垃圾总量，kg；CCW 为城市垃圾的含碳量，%；FCF 为矿物碳占城市垃圾总碳的比例，%；EF 为焚烧炉的燃烧效率，%。

垃圾填埋场的甲烷生产潜力 L_0 计算如下（Huang et al.，2018）：

$$L_0 = \text{MCF}_6 \times \text{DOC} \times \text{DOC}_F \times F \times 16/12 \tag{4.37}$$

式中，MCF_6 为填埋场甲烷修正系数，%；DOC 为城市垃圾中可降解有机碳含量，kg/kg；DOC_F 为可降解有机碳比例；F 为垃圾填埋气中甲烷的比例。

4.4.2　案例

本书以雅安市某社区为例，评估其 2015～2017 年的碳排放量。该社区成立于 2002 年 3 月，总面积 1.8km², 由行政部门、大专院校、小学、商店和住宅小区组成，共有居民 14311 人，商铺 835 家。通过社区调查，确定碳排放的主要来源，见表 4.7。社区尚未建立集中供暖系统，因此碳排放量以家庭供暖的电力和天然气消耗量来衡量。

表 4.7　碳排放源识别

活动	碳排放源	排放类别
建筑设施	天然气消耗	直接排放
	电力消耗	间接排放
交通	汽油消耗	直接排放
废物处理	垃圾填埋处置	间接排放
	污水处理	间接排放

不同碳排放源的活动水平见表 4.8。行政部门、大专院校、小学的用电量、用气量以及交通用油量直接通过问卷调查获得。社区住户和商铺较多，因此进行抽样调查，得出相应的活动水平。

表 4.8　案例中不同碳排放源的活动水平

排放源	数据	活动水平			单位
		2015 年	2016 年	2017 年	
社区人口	数量	9263	12982	14311	人
天然气消耗	消耗	1603604	2808096	3604023	m³
电力消耗	消耗	10305642	15852530	20760705	kW·h
汽油消耗	消耗	1944096	2303386	2922453	L
污水处理中的 CH_4 排放	总有机质	33.57	33.30	23.59	t
废物处理	量	3007.8	3363.7	3458	kg
污水处理中的 N_2O 排放	人均蛋白质消耗量	25.185	—	—	kg/人
	非消耗蛋白质因子	1.5	—	—	%
	污水中的蛋白质因子	1.25	—	—	%
	蛋白质中的氮含量	0.16	—	—	kg/kg
	污泥脱氮	0	—	—	kg

表 4.9 为各碳排放源的排放系数，包括天然气的低热值、填埋处理比例、可降解有机碳含量等，其余排放因子为四川省温室气体清单指南提供的默认值。

表 4.9　排放系数

碳排放源	排放系数	单位	值	来源
电力消耗	区域电网平均排放因子	kg/(kW·h)	0.5257	国家发展和改革委员会，2011 年
天然气消耗	较低的热值	kJ/m³	34541	实地调查
	单位热量含碳量	kg/kJ	15.32	国家发展和改革委员会，2011 年
	碳氧化率	%	99	国家发展和改革委员会，2011 年
石油消耗	较低的热值	kJ/kg	43070	国家发展和改革委员会，2011 年
	单位热量含碳量	kg/kJ	18.90	国家发展和改革委员会，2011 年
	碳氧化率	%	98	国家发展和改革委员会，2011 年
污水处理　CH_4 排放	CH_4 最大生产能力	kg/kg	0.6	国家发展和改革委员会，2011 年
	甲烷修正系数	%	0.165	国家发展和改革委员会，2011 年
	回收的 CH_4 量	kg	0	国家发展和改革委员会，2011 年
N_2O 排放	N_2O 排放因子	kg/kg	0.005	国家发展和改革委员会，2011 年
垃圾填埋处理	填埋处理比例	%	100	实地调查
	可降解有机碳含量	kg/kg	0.1588	当地环保机构
	甲烷修正系数	%	40	国家发展和改革委员会，2011 年
	DOC 比例	%	50	国家发展和改革委员会，2011 年
	CH_4 占垃圾填埋气的比例	%	50	国家发展和改革委员会，2011 年
	回收的 CH_4 量	kg	0	国家发展和改革委员会，2011 年
	氧化因子	%	10	国家发展和改革委员会，2011 年

4.4.3　结果

2015～2017 年该社区碳排放量评价结果见表 4.10。2015～2017 年碳排放总量分别为 14446.70t、20651.11t 和 26137.19t。显然，社区的碳排放量逐渐增加，但其构成因素来源有所差异。

表 4.10　案例社区碳排放量

排放源	碳排放量/t		
	2015 年	2016 年	2017 年
天然气消耗	3080.34	5394.03	6922.92
交通	4250.73	5036.31	6389.88
电力消耗	5417.68	8333.68	10913.90
城市垃圾处理	1604.87	1794.77	1845.08
污水处理	93.08	92.32	65.41
总排放	14446.70	20651.11	26137.19

从碳排放分解的角度来看，由图 4.14（a）～（c）可知，2015～2017 年，电力消耗贡献了大部分排放，平均占 40%。调查显示，居民在日常生活中使用的家用电器种类繁多。由于雅安没有集中供暖系统，居民冬季主要依靠空调取暖，导致用电量过大，碳排放较高。交通排放量位居第二，2015～2017 年 3 年平均占比为 27.3%，其次是天然气消耗排放量（23.3%）。[+]这些研究成果与 Kellett 等（2013）和 Li 等（2015）的研究相似，表明能源消耗和交通是家庭碳排放的主要来源。

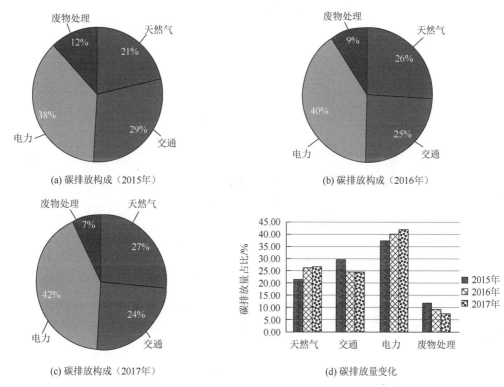

(a) 碳排放构成（2015年）　　　　(b) 碳排放构成（2016年）

(c) 碳排放构成（2017年）　　　　(d) 碳排放量变化

图 4.14　社区碳排放构成

图 4.14（d）显示，2015～2017 年电力和天然气消耗贡献的碳排放量占比逐渐增加，这可能与社区人口增长有关；交通贡献的碳排放量占比缓慢下降；废物处理的碳排放量占比 3 年内连续下降，这可能得益于在社区推广垃圾分类和回收，从而减少了填埋处理的垃圾量。

2015～2017 年社区建筑设施产生的碳排放量分别为 8498t、13738t 和 17836t。从图 4.15 可以看出，社区产生碳排放的建筑设施主要有居民楼、零售商店和行政部门三类。在这三年中，前两类排放量显著增加。2015～2017 年交通产生碳排放量分别为 4250t、5036t 和 6389t，增幅较大，如图 4.16 所示。调查显示，社区内的交通工具以私家车和公共汽车为主，其中私家车的碳排放量最大。

[+] 此处数据译者有修改。

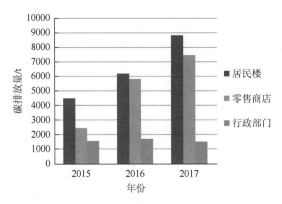

图 4.15　各类建筑设施产生的碳排放量

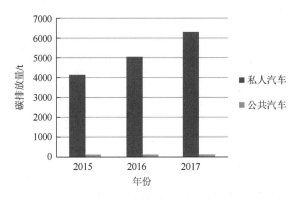

图 4.16　交通产生的碳排放量

图 4.17 显示，2015～2017 年废物处理产生的碳排放量分别为 1698t、1887t 和 1910t。与城市垃圾处理相比，污水处理的碳排放量较小。

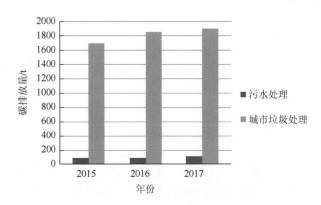

图 4.17　废物处理产生的碳排放量

4.4.4　总结

根据评估结果，电力消耗在社区碳排放量中占比最大，这与 Lin 等（2013b）的研究结果相似，表明需要更加重视电力供应的减排。2015～2017 年交通和天然气平均消耗分别占 27.3%和 23.3%，这与 Ahmad 等（2015）的结果一致。然而，Büchs 和 Schnepf（2013）、Lee 和 Lee（2014）得出结论，交通产生了大部分的家庭碳排放。产生这种差异的原因可能是边界划分不同，因为后两项研究将居民的长途旅行纳入了碳排放评估。废物处理产生一定的碳排放，但贡献相对较小，它不是社区的主要排放源（Kenny and Gray，2009；Shirley et al.，2012）。

尽管电力和天然气消耗是社区碳排放的重要来源，但在案例社区的实地调查显示，不同家庭之间存在巨大差异。例如，社区家庭每月平均用电量最高为 181 千瓦时，最低仅为 74 千瓦时，表明家庭日常生活中碳排放的两极分化严重。此外，居民主要选择使用私家车，社区交通减排潜力巨大。因此，可以通过社区公共汽车和共享自行车等公共交通方式，减少与交通相关的碳排放。

本章研究成果对低碳生活具有积极政策推动意义，为社区"碳标签"激励计划的设计提供了参考（Zhao et al.，2018）。通过这样的机制，公众可以通过绿色消费、低碳交通、废物分类和回收利用等一系列环保活动来抵消其碳足迹（Starkey，2012）。

参 考 文 献

Ahmad S，BaiocchiG，Creutzig F（2015）CO₂ emissions from direct energy use of urban households in India. Environ Sci Technol 49：11312-11320

Andrew J，Cortese CL（2011）Carbon disclosures：comparability，the carbon disclosure project and the greenhouse gas protocol. Australas Account Bus Finance J 5：5-18

Berners-Lee M（2010）How bad are bananas? the carbon footprint of everything. London，UK Bi J，Zhang R，Wang H，Liu M，Wu Y（2011）The benchmarks of carbon emissions and policy implications for China's cities: case of Nanjing. Energ Policy 39：4785-4794

Brynolf S，Baldi F，Johnson H（2016）Energy efficiency and fuel changes to reduce environmental impacts. In：Andersson K，Brynolf S，Lindgren J，Wilewska-Bien M（eds）Shipping and the environment. Springer，Berlin

Büchs M，Schnepf SV（2013）Who emits most? associations between socio-economic factors and UK households' home energy，transport，indirect and total CO₂ emissions. Ecol Econ 90：114-123

Bushnell JB，Chong H，Mansur ET（2013）Profiting from regulation: evidence from the European carbon market. Am. J Health Econ 5：78-106

Carbon Trust（2008）Code of good practice for product greenhouse gas emissions and reduction claims（CTC745）London，UK

Carbon Trust（2010）A guide to the carbon reduction label. http://www.carbonlabel.com/the label/guide to the carbon reduction label. Accessed 31 Oct 2011

Chang K，Chang H（2016）Cutting CO₂ intensity targets of interprovincial emissions trading in China. Appl Energ 163：211-221

Chang K，Zhang C，Chang H（2016）Emissions reduction allocation and economic welfare estimation through interregional emissions trading in China：evidence from efficiency and equity. Energy 113：1125-1135

Chen CM，Hong CM，Chuang HC（2006）Efficient auto-focus algorithm utilizing discrete difference equation prediction model for digital still cameras. IEEE T Consum Electr 52：1135-1143

Chen CM，Lee HM（2002）An efficient gradient forecasting search method utilizing the discrete difference equation prediction model. Appl Intell 16：43-58

Chen JD，Cheng SL，Song ML，Wu YY（2016）A carbon emissions reduction index：Integrating the volume and allocation of regional emissions. Appl Energ 184：1154-1164

Chen X, Corson MS (2014) Influence of emission factor uncertainty and farm characteristic variability in LCA estimates of environmental impacts of French dairy farms. J Clean Prod 81: 150-157

Chiu FP, Kuo HI, Chen CC, Hsu CS (2015) The energy price equivalence of carbon taxes and emissions trading—theory and evidence. Appl Energ 160: 164-171

Cohen MA, Vandenbergh MP (2012) The potential role of carbon labeling in a green economy. Energ Econ 34: S53-S63

Cui LB, Fan Y, Zhu L, Bi QH (2014) How will the emissions trading scheme save cost for achieving China's 2020 carbon intensity reduction target? Appl Energ 136: 1043-1052

DECC (Department of Energy & Climate Change) (2011) Provisional 2010 results for UK greenhouse gas emissions and progress towards targets. http://www.decc.gov.uk/assets/decc/Statistics/climatechange/1515 statrelease ghg emissions 31032011.pdf Accessed 31 Oct 2011

DEFRA (Department for Environment, Food andRural Affairs) (2009) Guidance on how to measure and report your greenhouse gas emissions (PB13309) Accessed 31 Oct 2011

Delgado A, Romero I (2016) Environmental conflict analysis using an integrated grey clustering and entropy-weight method: a case study of a mining project in Peru. Environ Model Softw 77: 108-1121

Diaz-Valbuena LR, Leverenz HL, Cappa CD, Tchobanoglous G, Horwath WR, Darby JL (2011) Methane, carbon dioxide, and nitrous oxide emissions from septic tank systems. Environ Sci Technol 45: 2741-12747

Ding L, Shao Z, Zhang H, Wu D (2016) A comprehensive evaluation of urban sustainable development in China based on the topsis entropy method. Sustainability 8: 746

Fan Y, Wu J, Xia Y, Liu JY (2016) How will a nationwide carbon market affect regional economies and efficiency of CO_2 emission reduction in China?. China Econ Rev 38: 151-1166

Fan J, Guo X, Marinova D, Wu Y, Zhao D (2012) Embedded carbon footprint of Chinese urban households: structure and changes. J Clean Prod 33: 50-159

Fan Y, Liu LC, Wu G, Tsai HT, Wei YM (2007) Changes in carbon intensity in China: empirical findings from 1980-12003. Ecol Econ 62: 683-1691

Fu F, Ma L, Li Z, Polenske KR (2014) The implications of China's investment-driven economy on its energy consumption and carbon emissions. Energ Convers Manag 85: 573-1580

Gadema Z, Oglethorpe D (2011) The use and usefulness of carbon labelling food: a policy perspective from a survey of UK supermarket shoppers. Food Policy 36: 815-1822

Goulder LH (2013) Climate change policy's interactions with the tax system. Energ Econ 40: 3-111

Han GY, Olsson M, Hallding K, Lunsford D (2012) China's carbon emission trading: an overview of current development. https://foResse/wpcontent/uploads/2013/04/WEBFORES China.pdf. Accessed 13 Mar 2016

Hao Y, Liao H, Wei YM (2015) Is China's carbon reduction target allocation reasonable? an analysis based on carbon intensity convergence. Appl Energy 142: 229-239

Harbaugh R, Maxwell JW, Roussillon B (2011) Label confusion: the groucho effect of uncertain standards. Manage Sci 57: 1512-11527

Hasanbeigi A, Morrow W, Sathaye J, Masanet E, Xu T (2013) A bottom-up model to estimate the energy efficiency improvement and CO_2 emission reduction potentials in the Chinese iron and steel industry. Energ 50: 315-325

He Y, Xu Y, Pang Y, Tian H, Wu R (2016) A regulatory policy to promote renewable energy consumption in China: review and future evolutionary path. Renew Energ 89: 695-705

Hetherington AC, Borrion AL, Griffiths OG, McManus MC (2014) Use of LCA as a development tool within early research: challenges and issues across different sectors. Int J Life Cycle Ass 19: 130-143

HM Revenue & Customs (2011) Foreign exchange rates: USA. Available From: http://www.hmrc.gov.uk/exrate/usa.htm. Accessed 13 Nov 2011

HSE (Health & Safety Executive) (1988) The tolerability of risk from nuclear power stations available From:

http://www.hse.gov.uk/nuclear/tolerability.pdf. Accessed 17 Nov 2009

Huang J，Zhao R，Huang T，Wang X，Tseng ML（2018）Sustainable municipal solid waste disposal in the belt and road initiative：a preliminary proposal for Chengdu city. Sustainability 10：1147

IPCC（Intergovernmental Panel on ClimateChange）（2006）IPCC guidelines for national greenhouse gas inventories. http://www.ipcc-nggip.iges.or.jp/public/2006gl/index.html. Accessed 19 Mar 2019

Jiang YK，Cai WJ，Wan LY，Wang C（2015）An index decomposition analysis of China's interregional embodied carbon flows. J Clean Prod 88：289-296

Kellett R，Christen A，Coops NC，van der Laan M，Crawford B，Tooke TR，Olchovski I（2013）A systems approach to carbon cycling and emissions modeling at an urban neighborhood scale. Landscape Urban Plan 110：48-58

Kennedy C，Steinberger J，Gasson B，Hansen Y，Hillman T，Havranek M，Pataki D，Phdungsilp A，Ramaswami A，Mendez GV（2009）Greenhouse gas emissions from global cities. Environ Sci Technol 43：7297-7302

Kenny T，Gray NF（2009）A preliminary survey of household and personal carbon dioxide emissions in Ireland. Environ Int 35：259-272

Lee S，Lee B（2014）The influence of urban form on GHG emissions in the US household sector. Energ Policy 68：534-549

Li Y，Zhao R，Liu T，Zhao J（2015）Does urbanization lead to more direct and indirect household carbon dioxide emissions? evidence from China during 1996-12012. J Clean Prod 102：103-114

Lin J，Liu Y，Meng F，Cui S，Xu L（2013a）Using hybrid method to evaluate carbon footprint of Xiamen City，China. Energ Policy 58：220-227

Lin T，Yu Y，Bai X，Feng L，Wang J（2013b）Greenhouse gas emissions accounting of urban residential consumption：a household survey based approach. PloS One 8：e55642

Listowski A，Ngo HH，Guo WS，Vigneswaran S，Shin HS，Moon H（2011）Greenhouse gas（GHG）emissions from urban wastewater system：future assessment framework and methodology. J Water Sustainability 1：113-125

Liu Z（2013）Electric power and energy in China. London，UK

Liu X，Niu D，Bao C，Suk S，Sudo K（2013a）Awareness and acceptability of companies on marketbased instruments for energy saving：a survey study in Taicang，China. J Clean Prod 39：231-241

Liu Y，Cai SF，Zhang YX（2013b）The economic impact of linking the pilot carbon markets of Guangdong and Hubei Provinces：A Bottom-Up CGE Analysis. https：//www.gtap.agecon.purdue.edu/resources/download/6140.pdf. ACCESSED 12 MAY 2015

Liu Z，Guan D，Crawford-Brown D，Zhang Q，He K，Liu J（2013c）Energ policy：a low-carbon road map for China. Nature 500：143-145

Liu L，Chen C，Zhao Y，Zhao E（2015）China's carbon-emissions trading：overview，challenges and future. Renew. Sust Energ Rev 49：254-266

Liu J，Wang L（2016）The system choice of carbon financial market in china under carbon intensity restriction. Sust Dev 6：73-79

Liu S，Chan FTS，RanW（2016a）Decision making for the selection of cloud vendor：An improved approach under group decision making with integrated weights and objective/subjective attributes. Expert Syst Appl 55：37-47

Liu TT，Wang QW，Su BA（2016b）A review of carbon labeling：standards，implementation，and impact. Renew Sust Energ Rev 53：68-79

Lo AY（2012）Carbon emissions trading in China. Nat Clim Change 2：765-766

Lo AY（2016）Challenges to the development of carbon markets in China. Clim Policy 16：109-124

Lo AY，Yu X（2015）Climate for business：opportunities for financial institutions and sustainable development in the Chinese carbon market. Sust Dev 23：369-380

Lo SF，Chang MC（2014）Regional pilot carbon emissions trading and its prospects in China. Energ Environ 25：899-913

Lu Y，Cui P，Li D（2016）Carbon emissions and policies in China's building and construction industry：evidence from 1994 to 2012. Build Environ 95：94-10

Natarajan S，Padget J，Elliott L（2011）Modelling UK domestic energy and carbon emissions：an agent-based approach. Energ

Buildings 43：2602-2612

Office of National Statistics（2012）https://www.ons.gov.uk/. Accessed 8 Jan 2012

Onat NC，Kucukvar M，Tatari O（2014）Scope-based carbon footprint analysis of US residential and commercial buildings：an input-1output hybrid life cycle assessment approach. Build Environ 72：53-62

Ou X，Zhang X，Chang S（2010）Alternative fuel buses currently in use in China：life-cycle fossil energy use，GHG emissions and policy recommendations. Energ Policy 38：406-418

Pan X，Teng F，Wang G（2014）Sharing emission space at an equitable basis：allocation scheme based on the equal cumulative emission per capita principle. Appl Energ 113：1810-1818

Raupach MR，Davis SJ，Peters GP，Andrew RM，Canadell JG，Ciais P，Friedlingstein P，Jotzo F，van Vuuren DP，Le Quéré C（2014）Sharing a quota on cumulative carbon emissions. Nat Clim Change 4：873-879

Ren JZ，Andreasen KP，Sovacool BK（2014）Viability of hydrogen pathways that enhance energy security：a comparison of China and Denmark. Int J Hydrogen Energ 39：15320-15329

Ren JZ，Sovacool BK（2014）Enhancing China's energy security：determining influential factors and effective strategic measu. Res Energ Convers Manage 88：589-597

Saaty TL（1988）"What is the analytic hierarchy process?" Mathematical models for decision support. Springer，Berlin

Shirley R，Jones C，Kammen D（2012）A household carbon footprint calculator for islands：case study of the United States Virgin Islands. Ecol Econ 80：8-14

Starkey R（2012）Personal carbon trading：a critical survey Part 2：efficiency and effectiveness. Ecol Econ 73：19-28

Tanaka K（2011）Review of policies and measures for energy efficiency in industry sector. Energ Policy 39：6532-6550

Tanner C（2006）Whenconsumers judge the environmental significance of food products. GAIA-Eco Perspect Sci Soc 15：215-220

Upham P，Dendler L，Bleda M（2011）Carbon labelling of grocery products：public perceptions and potential emissions reductions. J Clean Prod 19：348-355

Wang TC，Lee HD（2009）Developing a fuzzy TOPSIS approach based on subjective weights and objective weights. Expert Syst Appl 36：8980-8985

Wang MX，Wang MR，Wang SY（2011）Optimal investment and uncertainty on China's carbon emission abatement. Energ Policy 41：871-877

Wang K，Wei YM（2014）China's regional industrial energy efficiency and carbon emissions abatement costs. Appl Energ 130：617-631

Wang Q，Chen X（2015）Energy policies for managing China's carbon emission. Renew Sust Energ Rev 50：470-479

Wang HZ（2016）Evaluating regional emissions trading pilot schemes in China's two provinces and five cities.Available From：http://en.agi.or.jp/workingpapers/WP2016-01.pdf. Accessed 12May 2016

Weidema BP，Thrane M，Christensen P，Schmidt J，Løkke S（2008）Carbon Footprint. J Ind Ecol 12：3-6

Woo WT（2016）The necessary demand-side supplement to China's supply-side structural reform：termination of the soft budget constraint. SSRN Electron J 1：139

World Bank（2010）World development indicators database. http://databank.worldbank.org/ddp/home.do?Step=12&id=4&CNO=2.Accessed 25 Sep 2011

Wu J，Zhu QY，Liang L（2016）CO_2 emissions and energy intensity reduction allocation over provincial industrial sectors in China. Appl Energ 166：282-291

Wu P，Xia B，Zhao X（2014）The importance of use and end-of-life phases to the life cycle greenhouse gas（GHG）emissions of concrete-1a review. Renew Sust Energ Rev 37：360-369

Xing W，Ye X，Kui L（2011）Measuring convergence of China's ICT industry：an input-1output analysis. Telecommun Policy 35：301-313

Xu X，Tan Y，Chen S，Yang G，Su W（2015）Urban household carbon emission and contributing factors in the Yangtze River Delta. China. PloS One 10：e0121604

Yi BW，Xu JH，Fan Y（2016）Determining factors and diverse scenarios of CO_2 emissions intensity reduction to achieve the 40-45% target by 2020 in China-a historical and prospective analysis for the period 2005-2020. J Clean Prod 122：87-101

Yi WJ，Zou LL，Guo J，Wang K，Wei YM（2011）How can China reach its CO_2 intensity reduction targets by 2020? a regional allocation based on equity and development. Energ Policy 39：2407-2415

Yu S，Wei YM，Wang K（2014）Provincial allocation of carbon emission reduction targets in China：an approach based on improved fuzzy cluster and Shapley value decomposition. Energ Policy 66：630-644

Yuan B，Ren S，Chen X（2015）The effects of urbanization，consumption ratio and consumption structure on residential indirect CO_2 emissions in China：a regional comparative analysis. Appl Energ 140：94-106

Yuan J，Xu Y，Hu Z，Zhao C，Xiong M，Guo J（2014）Peak energy consumption and CO_2 emissions in China. Energ Policy 68：508-523

Zeng SH，Chen JY（2016）Forecasting the allocation ratio of carbon emission allowance currency for 2020 and 2030 in China. Sustainability 8：650

Zhang Z（2015）Carbon emissions trading in China：the evolution from pilots to a nationwide scheme. Clim Policy 15：S104-S126

Zhang YJ，Da YB（2015）The decomposition of energy-related carbon emission and its decoupling with economic growth in China. Renew Sust Energ Rev 41：1255-1266

Zhang D，Karplus VJ，Cassisa C，Zhang X（2014a）Emissions trading in China：progress and prospects. Energ Policy 75：9-16

Zhang YJ，Liu Z，Zhang H，Tan TD（2014b）The impact of economic growth，industrial structure and urbanization on carbon emission intensity in China. Nat Hazards 73：579-595

Zhang YJ，Wang AD，Da YB（2014c）Regional allocation of carbon emission quotas in China：evidence from the Shapley value method. Energ Policy 74：454-464

Zhang YJ，Hao JF（2016）Carbon emission quota allocation among China's industrial sectors based on the equity and efficiency principles. Ann Oper Res 255：177-140

Zhang X，Guo Z，Zheng Y，Zhu J，Yang J（2016）A CGE analysis of the impacts of a carbon tax on provincial economy in China. Emerg Market Financ Trade 52（6）：1372-1384

Zhang G，Ge R，Lin T，Ye H，Li X，Huang N（2018）Spatial apportionment of urban greenhouse gas emission inventory and its implications for urban planning：a case study of Xiamen，China. Ecol Indic 85：644-656

Zhao R，Zhong S（2015）Carbon labelling influences on consumers' behaviour：a system dynamics approach. Ecol Indic 51：98-106

Zhao JY，Hobbs BF，Pang JS（2010）Long-run equilibrium modeling of emissions allowance allocation systems in electric power markets. Oper Res 58：529-548

Zhao R，Neighbour G，Deutz P，McGuire M（2012）Materials selection for cleaner production：an environmental evaluation approach. Mat Des 37：429-434

Zhao R，Su H，Chen X，Yu Y（2016a）Commercially available materials selection in sustainable design：an integrated multi-attribute decision making approach. Sustainability 8：79

Zhao X，Jiang G，Nie D，Chen H（2016b）How to improve the market efficiency of carbon trading：a perspective of China. Renew Sust Energ Rev 59：1229-1245

Zhao R，Min N，Geng Y，He Y（2017）Allocation of carbon emissions among industries/sectors：an emissions intensity reduction constrained approach. J Clean Prod 142：3083-3094

Zhao R，Xu Y，Wen X，Zhang N，Cai J（2018）Carbon footprint assessment for a local branded pure milk product：a lifecycle based approach. Food Sci Technol 38：98-105

Zheng T，Zhu J，Wang S，Fang J（2015）When will China achieve its carbon emission peak?. Nat Sci Rev nwv079

Zhou P，Wang M（2016）Carbon dioxide emissions allocation：a review. Ecol Econ 125：47-59

Zhu Q，Peng X，Wu K（2012）Calculation and decomposition of indirect carbon emissions from residential consumption in China based on the input-1output model. Energ Policy 48：618-626

Zhu QH，Li Y，Geng Y，Qi Y（2013）Green food consumption intention，behaviors and influencing factors among Chinese consumers. Food Qual Prefer 28：279-286

第 5 章　见解与未来研究

摘要：本章从利益相关者互动的角度介绍了对碳标签实践的见解，然后介绍未来的工作。其内容涉及消费者及其动机，以及新商业模式和技术的使用。有必要制定策略来激励绿色消费者减少碳排放，比如促进其对碳标签含义的了解。此外，采用碳标签计划可能会带来可持续发展的业务，加强企业社会责任感，开拓新市场。未来的研究将集中在神经科学上，以评估公众将碳标签计划付诸实践方面的情感参与。

关键词：绿色消费　动机　神经科学

5.1　见　　解

温室气体（GHG）排放导致全球变暖，这引起了世界的担忧，不得不采取应对和缓解战略，以保证可持续发展（Zhao et al.，2017a）。自 2015 年巴黎气候变化大会以来，已有 160 多个国家制定了有关可持续消费和生产的政策，以实现减排目标（Chen，2017）。其中，碳标签计划是一种有效的政策工具，揭示产品或服务基于生命周期的碳排放，鼓励向低碳消费和生产转型（Tan et al.，2014）。第一个碳标签计划由英国碳信托有限公司于 2006 年设计（Zhao et al.，2017a），其基本措施之一是减轻碳排放对生产和服务的影响（Carbon Trust，2006）。碳信托有限公司已经发展了超过 90 个国际品牌的 2000 多种产品使用该标签（Bolwig and Gibbon，2009）。美国、法国、瑞士、日本和加拿大等国家也相继实施了此类政策，以揭示产品或服务的环境影响信息（Liu et al.，2016）。这些计划旨在帮助消费者意识到气候变化，以改变他们的购买意图（Mostafa，2016）。

消费者的环保购买行为是促进减碳的重要因素（Ciasullo et al.，2017）。来自 8 个国家的超过 80%的在线调查消费者承认，他们支持碳标签计划作为缓解气候变化的政策工具（Carbon Trust，2020）。调查发现，消费者更喜欢购买带有碳标签的产品，他们愿意支付高达原价 20%的溢价（Feucht and Zander，2018）。在这样的背景下，引导公众参与绿色消费有很大前景。多项实证研究确定了绿色消费的影响因素，主要分为外部因素和内部因素。对于外部因素，研究通常考虑价格、广告、政策激励等因素。Bravo 等（2013）、Gleim 等（2013）、Biswas 和 Roy（2015）都表明，产品价格是绿色消费的决定性因素。除了价格因素，Tan 等（2016）进一步发现消费者的绿色认知（consumers greem perceptions，CGP）也有很大的影响。Milovantseva（2016）以美国环保智能手机为例，确定 CGP 与消费者接受度呈正相关。关于低碳产品可能的溢价，Zhao 和 Zhong（2015）研究了碳标签牛奶的案例，发现消费者虽然有购买意愿，但只能接受 10%的溢价。此外，Yang 等（2015）调查了关于不同绿色消费的广告诉求，通过比较抽象（如模糊地描述产品的绿色特性）与具体的广告（如以特定的方式描述产品的绿色特性）对比，他们发现当消费者能通过广告得知消费的好处时，后者能更好地提高其消费水平和购买绿色产品的意愿。此外，Chen（2016）发现汽车广告中隐含的环境信息，例如能源效率，对消费者的购买选择有很大影响。Wang（2016）研究了可持续消费政策对绿色消费的影响，显示出强烈的性别异质性，即女性比男性更容易接受绿色消费。

内部因素相关的大多数研究都是从消费者的年龄、教育背景、对绿色消费的态度等特征角度展开的（Lee，2008）。例如，Gordon-Wilson 和 Modi（2015）通过对 204 名英国老年人的调查发现，性格外向与绿色消费呈负相关。D'Souza 等（2007）、Haytko 和 Matulich（2008）、Sheehan 和 Atkinson（2012）认为，消费者的环保意识对绿色消费行为有很大影响。在此基础上，Chen 等（2012）调查了消费者购买氢电池摩托车的绿色消费态度、感知风险和感知价值等因素。Ritter 等（2015）对巴西南部消费者的调查发现，环境态度、社会背景和环境知识等内部因素与他们的绿色消费动机显著相关，而与产品价格等外部因素的相关性较弱。Paul 等（2016）应用计划行为理论进一步验证消费者的环境态度会显著影响他们购买绿色产品的意愿。从以上分析可以看出，购买行为是一个复杂的决策过程，可能使碳标签产品的市场需求具有不确定性（Shuai et al.，2014；Mostafa，2016；Li et al.，2017）。碳标签计划是否会触发消费者采取亲环境的购买行动，需要进一步讨论。

此外，企业是减少碳排放的重要利益相关者（Wang et al.，2011；Tian et al.，2014）。碳标签产品销售调查表明，消费者愿意为绿色产品支付更多费用（Zhao et al.，2014，2015）。事实上，随着绿色消费逐渐兴起，消费者对环保产品的需求可能会进一步推动创新，促进环保企业的发展（Cohen and Vandenbergh，2012；Lin et al.，2013）。例如，沃尔玛百货有限公司在绿色冰箱的开发上花费了 3000 万美元，销售额增长了 20%（Fetterman，2006）。碳标签是企业或组织的自愿行为（Plassmann，2018），企业实行碳标签计划的主要动机之一与营销策略有关，但碳标签可能会增强环境可持续性的消费行为。尽管此类计划提供了对产品供应链进行整体碳核算并提高其绿色绩效的机会，但缺乏足够的激励措施来推动（Zhao et al.，2017b）。大多数企业受盈利驱动，出于成本和利益（包括认证成本、市场风险、政府政策导向等）的考虑，他们可能不愿意尝试碳标签（McKinnon，2010；Gadema and Oglethorpe，2011）。

基于上述原因，政府应该在激励企业技术创新方面发挥主导作用，通过政策来提高产品的可持续性，以实现环境和经济的"双赢"（Choi，2015）。已经有许多政策工具用于促进低碳发展，例如价格机制（Zhou et al.，2010；Brauneis et al.，2013；Shahnazari et al.，2014）和财税（Brand et al.，2013；Wang and Chang，2014）。然而，研究已经证实，政府的激励机制，例如补贴，可能比监管或自愿手段对促进低碳发展产生更大的影响（Zhang et al.，2010）。Diamond（2009）研究了政府激励措施对混合动力电动汽车的可能影响，表明预付款补贴是最有效的措施。Sawangphol 和 Pharino（2011）指出，通过政府补贴来激励可再生能源发展，可以有效降低技术创新成本。Shukla 和 Chaturvedi（2012）提出了一种有针对性的方法，将太阳能、风能和核能技术纳入印度发电部门的考虑范围，认为当碳价格相对较低时，政府补贴是必要的。Ehrig 和 Behrendt（2013）研究表明，比利时和英国的混烧系统补贴在支持碳密集型供应链转型方面具有重要的意义。

Tian 等（2014）调查了中国制造商的绿色供应链管理扩散，认为对制造商的补贴比对消费者的补贴更有效。Li 等（2014）提出，碳补贴可以作为碳税的补充策略，因为它可以增加碳减排和供应链的经济利润。Tang 等（2015）提出了一个基于多主体的模型来调查各种碳排放交易机制的可能影响，并认为财政补贴是减少碳排放的有效政策工具。作者还发现，应谨慎使用经济处罚，以平衡经济发展和碳减排的关系。Wang 等（2016）研究了阿布扎比减少水和电补贴对经济和环境的影响，发现减少电补贴比减少水补贴对减少碳排放更有效。

单一的政策工具，例如政府补贴，已被证实对低碳发展具有重大影响。联合政策制定仍在进行中，其在碳减排方面比单一的政策更有效（Kounetas and Tsekouras，2008；Tsou and Wang，2012；Wang et al.，2014）。例如，Tsou 和 Wang（2012）通过使用双层混合整数非线性规划模型发现，同时实施补贴和惩罚可能会在废物回收中取得更大的碳减排效果。基于上述发现提出政策建议，如增加相关研发工作的预算、优惠税率、建设可信的评估体系等。然而，由于文化、经济和制度不同，不同的地方应采取不同的措施，以便更好地满足当地需求。

碳标签计划前景应主要考虑三点。一是发展中国家与发达国家的合作。溢出效应可能会加速碳标签计划的实施，发达国家可以向发展中国家传授经验和良好做法，以改进碳标签计划，从而使计划在国际上实现标准化。特别是碳标签和一般的生态标签，可以提高其合规性。国际层面碳标签计划的标准化有助于定义商品和服务类别数量并对相互重叠的标签种类进行区分（Liu et al.，2016）。二是考虑消费者及其动机。有必要制定策略来激励绿色主义消费者减少温室气体排放，促进其对标签含义的了解。为此，应定制绿色教育计划以及生态广告对消费者和企业进行宣传和知识普及，例如利用媒体鼓励消费者购买环保产品和服务。三是考虑新的商业模式和技术。使用碳品牌将环保企业与不环保企业区分开来。碳品牌的使用实施可持续的方式，从而降低成本、增强企业社会责任并获得更高的价格（Shuai et al.，2014）。区块链等技术是一种公共数字化分类账，可用于碳标签计划实施过程，提高消费者和卖家之间的透明度和信任度。

5.2　未　来　研　究

近几十年来，气候变化已成为世界各国的关注焦点，联合国制定了旨在实现可持续发展目标的广泛议程（Shepherd et al.，2015）。对这一议程的回应包括以经济、环境和社会倡议的形式做出强有力的承诺，旨在应对可持续未来的挑战（Holden et al.，2017）。要达到减排目的需要将关于可持续性的理论和政策转化为行动，决策在确保可持续发展的进程中发挥着核心作用（Waas et al.，2014）。然而，政策的作用局限于决策者的认知，其后果具有不确定性（Schwarz，2000）。神经科学通过研究大脑功能（即多个感觉器官）及其响应不同环境的变化能力来解决这一问题，以协助决策。这种以用户为中心的方法可以更好地了解个人的看法和偏好，从而使决策过程更加透明（Venkatraman and Huettel，2012）。

人们越来越关注环境条件对大脑反应能力的影响（Munakata et al.，2004）。也有越来越多的人研究探索大脑可塑性，并对人类大脑对外部刺激的反应进行测量。该领域的发展有助于提高个人决策可持续性。可持续发展的神经科学将个人决策视为一个动态过程，涉及经济、环境和社会因素（即维持经济增长、减轻环境影响和促进社会正义）。这种方法可以解释人们应对气候变化的有意识和潜意识行为。

下面给出了神经科学可能应用的例子，以帮助未来的研究，评估公众对碳标签实践的参与积极性。探究消费者购买带有环保标签的产品的动机因素可以为可持续消费的未来方向提供基础。一般而言，人们认为，为了减轻环境影响，需要采取有利于环境的行动。然而就可能忽略了一个事实，即许多消费行为在环境方面是不合理的（Kollmuss and Agyeman，2002）。尽管传统的心理学研究方法，如问卷调查、调查或深度访谈，已被广泛用于研究公众对某些举措的意愿或接受程度，但如果其未能捕捉到基于感知或情绪的反应，就可能会受到限制（Khushaba et al.，2013）。神经科学通过一种将非理性恐惧、偏见和情绪考虑在内的方法来解决这一问题。此外，神经科学旨在识别与这些恐惧或偏见相对应的有意识和潜意识反应，从而更好地理解影响决策的动机。例如，可以在视觉虚拟现实环境中通过脑电图或心电图测量个人的反应。神经科学对非理性或无意识决策的关注可解释社会意识与实际行为之间的差异。通过这种方法可以深入了解消费者在碳标签产品方面的购买行为，以及如何改变标签使之对公众产生更大的影响。

此外，神经科学可以帮助设计师检查消费者对符合可持续性准则的产品或服务的满意度和舒适度。产品设计师通常根据成本、环境或功能来证明其产品的合理性（Zhao et al.，2012）。然而，事实证明，很难量化产品对人类心理和生理学的影响。神经科学能够通过解码相关的大脑过程来识别设计对消费者体验的影响。一个可能有效的方式是使用功能磁共振成像识别腹侧纹状体的活动，该测试可以获取受试者的愿望和偏好信息，例如颜色、形状或美学，以确保产品的最佳设计（Hubert and Kenning，2008）。

以上建议仅作为一些示例，还有许多方法可以将神经科学应用于可持续发展计划。人类通过决策在可持续发展中发挥关键作用（Phelps et al.，2014）。神经科学可作为一种工具来评估参与决策的大脑过程，更好地了解这些过程可以促进碳减排和可持续发展。随着传感器技术和无线通信技术的发展，神经科学方法与传统的生理测量相结合，可有效监测个体的行为反应，通过对人们反应的更深入的了解进一步实现可持续发展目标。研究焦点从外部感知到内部大脑过程的转移的可能性，使可持续发展研究进入一个新阶段。

参 考 文 献

Biswas A，Roy M（2015）Green products: an exploratory study on the consumer behaviour in emerging economies of the east. J Clean Prod 87: 462-468

Bolwig S，Gibbon P（2009）Counting carbon in the marketplace: part 1-overview paper. In: Proceeding of the global forum on trade—trade and climate change. OECD conference centre，France

Brand C，Anable J，Tran M（2013）Accelerating the transformation to a low carbon passenger transport system: The role of car purchase taxes，feebates，road taxes and scrappage incentives in the UK. Transp Res Policy 49: 132-148

Brauneis A，Mestel R，Palan S（2013）Inducing low-carbon investment in the electric power industry through a price floor for emissions trading. Energ Policy 53: 190-204

Bravo G, Vallino E, Cerutti AK, Pairotti MB (2013) Alternative scenarios of green consumption in Italy: an empirically grounded model. Environ Modell Softw 47: 225-234

Carbon Trust (2006) The carbon emissions generated in all that we consume. https://www.carbontrust.com/resources/the-carbon-emissions-generated-in-all-that-we-consume Accessed 17 Jul 2020

Carbon Trust (2020) Product carbon footprint labelling: consumer research 2020. https://www.carbontrust.com/resources/product-carbon-footprint-labelling-consumer- research-2020 Accessed 17 Jul 2020

Chen H (2017) The Paris Agreement on climate change. https://www.nrdc.org/resources/paris-agreement-climate-change Accessed 14 Sep 2020

Chen HS, Chen CY, Chen HK, Hsieh T (2012) A study of relationships among green consumption attitude, perceived risk, perceived value toward hydrogen-electric motorcycle purchase intention. AASRI Procedia 2: 163-168

Chen SB (2016) Selling the environment: Green marketing discourse in China's automobile advertising. Discourse Context Media 12: 11-19

Choi Y (2015) Introduction to the special issue on "Sustainable e-governance in Northeast-Asia: challenges or sustainable innovation". Technol Forecast Soc Change 96: 1-3

Ciasullo MV, Maione G, Torre C, Troisi O (2017) What about sustainability? An empirical analysis of consumers' purchasing behavior in fashion context. Sustainability 9: 1617

Cohen MA, Vandenbergh MP (2012) The potential role of carbon labelling in a green economy. Energ Econ 34: S53-S63

D'Souza C, Taghian M, Lamb P, Pretiatko R (2007) Green decisions: demographics and consumer understanding of environmental labels. Int J Consum Stud 31: 371-376

Diamond D (2009) The impact of government incentives for hybrid-electric vehicles: evidence from US states. Energ Policy 37: 972-983

Ehrig R, Behrendt F (2013) Co-firing of imported wood pellets—an option to efficiently save CO_2 emissions in Europe? Energ Policy 59: 283-300

Fetterman M (2006) Wal-Mart grows 'green' strategies. Available From: http://usatoday30.usatoday.com/money/industries/retail/2006-09-24-wal-mart-cover-usat_x.htm Accessed 25 Aug 2015

Feucht Y, Zander K (2018) Consumers' preferences for carbon labels and the underlying reasoning. A mixed methods approach in 6 European countries. J Clean Prod 178: 740-748

Gadema Z, Oglethorpe D (2011) The use and usefulness of carbon labelling food: a policy perspective from a survey of UK supermarket shoppers. Food Policy 36: 815-822

Gleim MR, Smith JS, Andrews D, Cronin JJ (2013) Against the Green: a multi-method examination of the barriers to green consumption. J Retail 89: 44-61

Gordon-Wilson S, Modi P (2015) Personality and older consumers' green behavior in the UK. Futures 71: 1-10

Haytko DL, Matulich E (2008) Green advertising and environmentally responsible consumer behaviours: linkages examined. J Manage Market Res 7: 2-11

Holden E, Linnerud K, Banister D (2017) The imperatives of sustainable development. Sus Dev 25: 213-226

Hubert M, Kenning P (2008) A current overview of consumer neuroscience. J Consum Behav 7: 272-292

Kollmuss A, Agyeman J (2002) Mind the gap: Why do people act environmentally and what are the barriers to pro-environmental behavior? Env Edu Res 8: 239-260

Kounetas K, Tsekouras K (2008) The energy efficiency paradox revisited through a partial observability approach. Energ Econ 30: 2517-2536

Khushaba RN, Wise C, Kodagoda S, Louviere J, Kahn BE, Townsend C (2013) Consumer neuroscience: assessing the brain response to marketing stimuli using electroencephalogram (EEG) and eye tracking. Expert Syst Appl 40: 3803-3812

Lee K (2008) Opportunities for green marketing: young consumers. Market Intell Plan 26: 573-586

Li J, Du WH, Yang FM, HuaGW (2014) The carbon subsidy analysis in remanufacturing closed-loop chain. Sustainability 6:

3861-3877

Li QW，Long RY，Chen H（2017）Empirical study of the willingness of consumers to purchase low-carbon products by considering carbon labels：a case study. J Clean Prod 161：1237-1250

Lin RJ，Tan KH，Geng Y（2013）Market demand，green product innovation，and firm performance：evidence from Vietnam motorcycle industry. J Clean Prod 40：101-107

Liu TT，Wang QW，Su B（2016）A review of carbon labelling：standards，implementation，and impact. Renew Sust Energ Rev 53：68-79

McKinnon AC（2010）Product-level carbon auditing of supply chains. Int J Phys Distr Log Manag 40：42-60

Milovantseva N（2016）Are American households willing to pay a premium for greening consumption of information and communication technologies? J Clean Prod 127：282-288

Mostafa MM（2016）Egyptian consumers' willingness to pay for carbon-labelled products：a contingent valuation analysis of socio-economic factors. J Clean Prod 135：821-828

Munakata Y，Casey BJ，Diamond A（2004）Developmental cognitive neuroscience：progress and potential. Trends Cogn Sc 8：122-128

Paul J，Modi A，Patel J（2016）Predicting green product consumption using theory of planned behaviour and reasoned action. J Retail Consum Serv 29：123-124

Phelps EA，Lempert KM，Sokol-Hessner P（2014）Emotion and decision making：multiple modulatory neural circuits. Annu Rev Neurosci 37：263-287

Plassmann K（2018）Comparing voluntary sustainability initiatives and product carbon footprinting in the food sector，with a particular focus on environmental impacts and developing countries. Dev Policy Rev 36：503-523

Ritter ÀM，Borhardt M，Vaccaro GLR，Pereira GM（2015）Motivations for promoting the consumption of green products in an emerging country：exploring attitudes of Brazilian consumers. J Clean Prod 106：507-520

Sawangphol N，Pharino C（2011）Status and outlook for Thailand's low carbon electricity development. Renew Sust Energ Rev 15：564-573

Schwarz N（2000）Emotion，cognition，and decision making. Cogn Emot 14：433-440

Shahnazari M，McHugh A，Maybee B，Whale J（2014）Evaluation of power investment decisions under uncertain carbonpolicy：a case study for converting coal fired steam turbine to combined cycle gas turbine plants in Australia. Appl Energ 118：271-279

Sheehan K，Atkinson L（2012）Revisiting green advertising and the reluctant consumer. J Advertis 41：5-17

Shepherd K，Hubbard D，Fenton NE，Claxton K，Luedeling E，de Leeuw J（2015）Policy：development goals should enable decision-making. Nature 532：152-154

Shuai C，Ding L，Zhang Y，Guo Q，Shuai J（2014）How consumers are willing to pay for low carbon products? Results from a carbon-labelling scenario experiment in China. J Clean Prod 83：366-373

Shukla PR，Chaturvedi V（2012）Low carbon and clean energy scenarios for India：analysis of targets approach. Energ Econ 34：S487-S495

Tan LP，Johnstone ML，Yang L（2016）Barriers to green consumption behaviors：the role of consumers' green perceptions. Austra Market J 24：288-299

Tan MQB，Tan RBH，Khoo HH（2014）Prospects of carbon labelling—a life cycle point of view. J Clean Prod 72：76-88

Tang L，Wu JQ，Yu L，Bao Q（2015）Carbon emissions trading scheme exploration in China：a multi-agent-based model. Energ Policy 81：152-169

Tian Y，Govindan K，Zhu Q（2014）Asystem dynamics model based on evolutionary game theory for green supply chain management diffusion among Chinesemanufacturers. J Clean Prod 80：96-105

Tsou YS，Wang HF（2012）Subsidy and penalty strategy for a green industry sector by bi-level mixed integer nonlinear programming. J Chin Inst Ind Eng 29：226-236

Venkatraman V，Huettel SA（2012）Strategic control in decision-making under uncertainty. Euro J Neurosci 35：1075-1082

Waas T，Hugé J，Block T，Wright T，Benitez-Capistros F，Verbruggen A（2014）Sustainability assessment and indicators：tools in a decision-making strategy for sustainable development. Sustainability 6：5512-5534

Wang S（2016）Green practices are gendered：exploring gender inequality caused by sustainable consumption polices in Taiwan. Energ Res Soc Sci 18：88-95

Wang H，Cai L，Zeng W（2011）Research on the evolutionary game of environmental pollution in system dynamics model. J Exp Theor Artif Intel 23：39-50

Wang N，Chang YC（2014）The development of policy instruments in supporting low-carbon governance in China. Renew Sust Energ Rev 35：126-135

Wang Y，Almazrooei SA，Kapsalyamova Z，Diabat A，Tsai IT（2016）Utility subsidy reform in Abu Dhabi：a review and a computable general equilibrium analysis. Renew Sust Energ Rev 55：1352-1362

Wang Y，Chang X，Chen Z，Zhong Y，Fan T（2014）Impact of subsidy policies on recycling and remanufacturing using system dynamics methodology：a case of auto parts in China. J Clean Prod 74：161-171

Yang DF，Lu Y，Zhu WT，Su CT（2015）Going green：how different advertising appeals impact green consumption behavior. J Bus Res 68：2663-2675

Zhang WW，Wang C，Lv J（2010）Research on the innovative financial support system for low carbon economy. Asian J Soc Sci 6：201-205

Zhao HH，Gao Q，Wu YP，Wang Y，Zhu XD（2014）What affects green consumer behavior in China?A case study from Qingdao. J Clean Prod 63：143-151

Zhao R，Neighbour G，Deutz P，McGuire M（2012）Materials selection for cleaner production：an environmental evaluation approach. Mater Des 37：429-434

Zhao R，Peng D，Li Y（2015）An interaction between government and manufacturer in implementation of cleaner production：a multi-stage game theoretical analysis. Int J Environ Res 9：1069-1078

Zhao R，Min N，Geng Y，He YL（2017a）Allocation of carbon emissions among industries/sectors：an emission intensity reduction constrained approach. J Clean Prod 142：3083-3094

Zhao R，Liu YY，Zhang N，Huang T（2017b）An optimization model for green supply chain management by using a big data analytic. J Clean Prod 142：1085-1097

Zhao R，Zhong S（2015）Carbon labelling influences on consumers' behaviour：a system dynamics approach. Ecol Indic 51：98-106

Zhou N，Levine MD，Price L（2010）Overview of current energy-efficiency policies in China. Energ Policy 38：6439-6452

附　录

调　查　问　卷

（a）衡量消费者消费习惯的问题项目

编号	问题项目	注释
1	我有离开房间时关灯的习惯	
2	我重复使用自来水，例如，我用洗过脸的水来洗脚，最后再用来冲马桶	低碳意识
3	我保留塑料购物袋，并重复使用它们	
4	我收集空的饮料瓶，然后卖给垃圾回收人员	
5	我乐意接受新的想法和新项目	
6	我宁愿在购物前花更多的时间做比较，也不愿在购物之后后悔所作的决定	
7	我想在购物前准确地了解碳标签的相关信息	风险态度
8	我愿意尝试一个新的品牌	
9	购买带有碳标签的奶制品可以满足我的新奇感和好奇心	
10	我知道我的消费行为是如何影响环境的	
11	从现在起，我愿意只选择环保的产品，即使这对我很不方便	
12	我愿意做出个人牺牲来提高环境的质量，即使目前看起来没有多大意义	感知效力
13	在购买一种产品时，我会尽力考虑它是否影响环境或其他消费者	
14	我相信我的一些低碳消费行为会提高我们周围的生活环境的质量	
15	购买带有碳标签的奶制品可以提高我在环保方面的声誉	
16	我认为购买带有碳标记的牛奶是安全可靠的	
17	购买低碳产品，有利于提高全社会的环保意识	感知利益
18	我认为购买带有碳标记的牛奶可以减少乳制品行业的 CO_2 排放，从而有助于保护环境	
19	我认为我购买低碳产品会对周围的人有积极影响	

（b）消费者对碳标签产品的看法及人口特征的问题项目

	编号	问题项目	选项
消费者对碳标签产品的看法	20	你听说过带有碳标签的产品吗？	A. 没听说过 B. 听说过
	21	如果有一种带有碳标签的奶制品（此标签能促进低碳生活），你会买吗？	A. 不会 B. 会
	22	如果你愿意购买带有碳标签的牛奶（你在前一个问题中选择了选项 B），你愿意支付的额外金额是多少？（鉴于每盒牛奶原售价为 3.00 元人民币）	愿意额外支付 A. 0.03～0.32 元 B. 0.33～0.62 元 C. 0.63～0.92 元 D. 0.93～1.20 元

编号	问题项目	选项
23	你的性别	A. 男 B. 女
24	你的年龄	A. 18～25 岁 B. 26～35 岁 C. 36～45 岁 D. 46～55 岁 E. 56 岁及以上
25	你的最高教育水平 （或目前正在就读）	A. 初中或以下 B. 高中、职业中学、高级职业培训 C. 大学本科 D. 研究生及以上
26	你的职业	A. 学生 B. 自由职业者或个体经营者 C. 教师、医生、科研人员等 D. 公务员或公职人员 E. 业务人员 F. 退休人员
27	你的月收入	A. 1500 元以下 B. 1500～3000 元 C. 3001～4500 元 D. 4501～6000 元 E. 6000 元以上

（人口特征 — 为 23～27 题所属的分类）

（c）调查样本的人口统计学数据

	指标	样本中的量	比例/%	累计/%
性别	女	223	49.2	49.2
	男	230	50.8	100
年龄	18～25 岁	247	54.5	54.5
	26～35 岁	127	28.0	82.6
	36～45 岁	55	12.1	94.7
	46～55 岁	16	3.5	98.2
	56 岁及以上	8	1.8	100
受教育水平	初中及以下	35	7.7	7.7
	高中、职业中学、高级职业培训	144	31.8	39.5
	大学本科	256	56.5	96.0
	研究生及以上	18	4.0	100
职业	学生	117	25.8	25.8
	自由职业者或个体经营者	171	37.7	63.6
	教师、医生、科研人员等	43	9.5	73.1
	公务员或公职人员	23	5.1	78.1
	业务人员	96	21.2	99.3
	退休人员	3	0.7	100

指标		样本中的量	比例/%	累计/%
月收入	1500 元以下	114	25.2	25.2
	1500～3000 元	120	26.5	51.7
	3001～4500 元	101	22.3	74.0
	4501～6000 元	61	13.5	87.4
	6000 元以上	57	12.6	100